為什麼客戶會買單

Tom McMakin
Doug Fletcher

好的專業不用賣！
讓顧客自己捧錢上門的 7 個秘密

湯姆・麥瑪欽、道格・弗萊徹——著　吳慕書——譯

HOW CLIENTS BUY

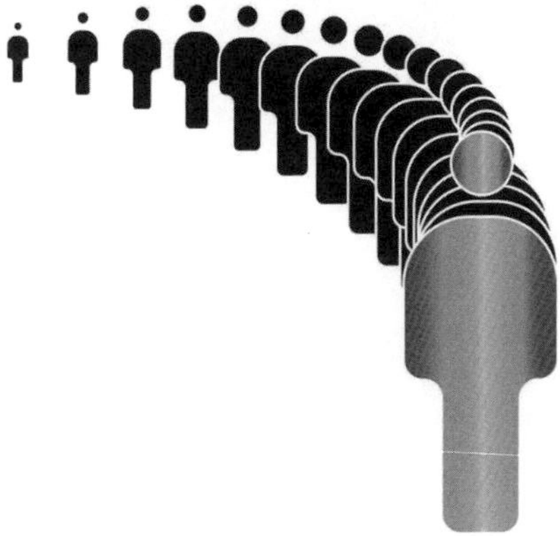

編者的話

坊間有許多教人行銷實體商品的書籍，甚至可以細分到操作時的實戰技巧，如談判術、文案術、簡報術、個案研究……等等。但在服務性產業日益成長，成為一門一兆七千億美元的全球產業之時，指導「如何銷售專業」的著作付之闕如，許多人都是沿用銷售實體商品的技巧來銷售服務，不知兩者之間的差異極大。

本書《為什麼客戶會買單》是值得服務性產業專家一讀的生存指南，協助您了解客戶如何購買諮詢和專業服務。藉由分析客戶做出購買決策的流程。您將能尋找、聯繫到您想要和應得的客戶，並建立持久的專業關係，如此便能在客戶有需求之時，自然而然站在最能成功銷售的位置。

本書的原則適用於各種服務產業，指導讀者建立高品質的人脈與信賴，支持潛在客戶走過7項購買服務時的決策點。您不必成為銷售大師或社群媒體高手，而是要學會如何與高品質的客戶建立聯繫、構築親密感、誘發興趣、博取信任，讓買家自願掏錢跟你買！

商周出版編輯部

專業推薦

了解客戶購買服務真正的理由，可能是商業中最困難的話題。聆聽顧客的聲音、了解客戶的動機，這本書幫你洞悉行銷魔術的基本原則及方法，值得各種行業的專業人士珍惜！

——解聰文（Martin Hiesboeck），奧必概念（AB Concept）國際業務發展總監

對任何想要成功打造專業服務型公司的人來說，這本書是絕佳參考資源。麥瑪欽與弗萊徹的論述一針見血，直指品質與信任正是銷售專業服務的基石。

——琳恩．道蒂（Lynne Doughtie），安侯建業聯合會計師事務所美國總裁兼執行長

專業菁英必須從提供服務更進一步到真正去銷售服務，《客戶如何購買》提供他們至關重要的建議。

——《造雨術與如何成為造雨人》（Rain Making and Creating Rainmakers）作者福特．哈汀（Ford Harding）

對於產業顧問、律師或講師等訓練有素的專業人士來說，來自不同產業的各種疑難雜症，自然難不倒他們；但若本身不是行銷專家，可能就會遇到一個問題——那就是不夠理解客戶的需求，無法讓他們主動洽購專業服務。

當我看到《為什麼客戶會買單》這本書的時候，發現作者幫大家釐清了客戶做出購買決策的流程。很多人糾結在「如何吸引客戶買單」這件事上，但作者卻另闢蹊徑，指引我們去關注顧客體驗旅程，並從中找到得以突破銷售專業服務的細節與方法。

看完這本書，讓我有一種豁然開朗的感覺。如果您對於上述問題也感到好奇的話，我很樂意推薦《為什麼客戶會買單》這本好書。

——「內容駭客」網站創辦人鄭緯筌

https://www.contenthacker.today/

銷售專業服務困難重重。如果你想建立自己的事業，湯姆和道格的書正是大師開講的研習班。

——《花錢買經驗》（Buying the Experience）作者、播客節目買家心態（The Buyer's Mind）主持人傑夫．修爾（Jeff Shore）

編者的話 003
專業推薦 004

Part 1 專業服務面臨的銷售難題

第1章 引人好奇的問題 014

銷售諮詢和專業服務大不易，甚至有人會說真的很難，而且是難如登天，遠遠不同於賣鞋子。前者賣的是關係、引薦和聲譽，後者則是賣實體特色，好比尺寸、重量、顏色、風格和性能。這就是虛、實銷售之間的差異。

第2章 發現者、看照者與耐磨者 027
◎開發業務勢在必行

諮詢和專業服務業有三種人：發現者、看照者與耐磨者。耐磨者是執行者，看照者是管理者，發現者則是帶進業務、讓其他每個人都有任務可交辦的開創者。你想成功在這一行掙得一席之地，就得身兼三者，三支鼎足缺其一就撐不住你。

Part 2

銷售專業服務的4個系統性障礙

第3章
超越像素
◎賣服務迥異於賣商品（而且更難）
銷售諮詢和專業服務很難，因為欠缺量化指標，客戶在決定購買之前就必須先信任我們。你大可事先研究對方的背景、測試能力，試圖檢驗過往績效，但儘管你該做的都做了，最終仍只能被迫啟動信任模式，期望對方恰如其分地回應你。
042

第4章
一號障礙：商學院沒有教你的事
◎如果我理當是專家，為何會覺得銷售這檔事很蠢？
銷售見解、設計、專業知識和建言，絕非你在課堂上學到的技巧；學校教你學會一技之長，卻不教你如何找到顧客。你不會指望接手新任務的員工在從未接受過訓練的情況下業績滿分達標，所以別用不一樣的標準來判斷自己。
054

第5章
二號障礙：但我就是不想推銷兜售
◎忘了威利．羅曼吧
在專業服務業裡，銷售這個字眼多年來會如此惹人厭，和以下事實脫不了關係：因為我們本身就是產品，自我推銷太不得體、太銅臭、太小鼻子小眼睛。就算不是絕大多數同業都抱持這種觀感，至少許多人在某種程度上都做如是想。
063

第6章 三號障礙：今非昔比
◎銷售專業服務比以往任何時候更困難 076
在打廣告的禁令走入墳墓、世界扁平化、好點子的生命週期如螢火蟲短命、入場玩家激增的四大趨勢下，想要搶占一席之地變得更困難。行銷策略已經成為一場軍火較勁的戰爭，想在業界走跳意味著要跟得上競爭對手的步伐

第7章 四號障礙：洶湧而至的爛建議
◎你所知道的「銷售說」全是謬誤 089
在成為造雨人過程中的最大挑戰，實際上可能是要怎麼忘記過往的所知所學。「敲定」一樁諮詢或專業服務生意所必需的信賴或尊重，並非套用漏斗理論可得，未必與談判大師的高超技巧有關，這種做法甚至可能適得其反。

Part 3 為什麼客戶會買單的7大要素

第8章 販售之秘
◎絕不言賣 106
傳統的銷售培訓在在強調業務員應該善盡本分：找出潛在客戶、預審資格，然後登門拜會、強力遊說，終至結案。但或許這整道環節都錯了！也許我們不應該都只是問：「業務員該怎麼做？」而是要問：「客戶如何決定購買？」

CONTENTS
目　錄

第 9 章
一號要素：我聽說過你
◎請再說一次貴寶號？
商業行為始自良好介紹，除非潛在客戶意識到我們存在，否則不會與我們打交道。在你的世界中，大約會有兩百人對你有重大影響。全神貫注建立這種「窄播」的概念，打造意識將變得更加直截了當，顯然成本也會更低。
121

第 10 章
二號要素：我了解你的工作
◎你做什麼來著？
全世界夙負盛名的諮詢和專業服務供應商都做對兩件簡單的事：找到利基地位，給自己掛上「第一」、「最好」與「最大」的附加分類，並做出名號；以一句簡短、精闢的說法，清楚表達自己的工作內涵、服務對象及自身的獨到之處。
143

第 11 章
三號要素：我感興趣
◎這些是我的目標
要讓潛在客戶繼續與你耗下去，他們必須做出以下結論：你的工作內容與他們及其目標相關；你的服務項目必須承諾足以對這些目標產生重大積極影響。若非如此，我們的工作對他們就無足輕重。
163

第12章

四號要素：我尊重你的表現

◎你有充足的本事可以幫助我

客戶會自問一道簡單的問題：他們覺得你和你的團隊能搞定任務嗎？當他們看到你的身分，搭配你完成過的任務，加總起來得出「你有高機率能為他們的公司提供價值」這樣的結論，正如你一向以來的表現，這時天秤就會擺向你了。

177

第13章

五號要素：我相信你

◎你把我的最大利益置於心中

信任的另一層，是「博感情」的判斷。這時你不會問業務主管是否有能力完成工作，而是他們會不會將你的利益放在第一位。當客戶聽到並真實感受諮詢和專業服務合作夥伴的真心誠意時，就會相信顧問就是他們利益的實質代理人

197

第14章

六號要素：我有能力

◎我有預算可以買

客戶需要能夠啟動合作的開端，但我們認為「應該及早預審買家資格」的觀念多半錯了。當然，潛在客戶必須有能力向你購買，亦即得同時握有權力和預算，但我們發現，跟沒有權力、預算的對象打交道，往往是找到決策者的唯一方式。

214

Part 4 集結七大要素，付諸行動

第15章 七號元素：我準備好了
◎時機正確
與潛在客戶打交道時，壞時機是一道無法逾越的障礙。請耐著性子，繼續提供服務。面對市場前景不明，只有一道防禦工事有用：善盡本分、廣結善緣、打造人脈，並衷心相信潛在客戶隨著時間拉長會發自內心開始對價值產生濃厚興趣。
231

第16章 鏈結的強度取決於最脆弱環節
◎善用七大要素當作診斷工具
與潛在客戶站在同一陣線的同理心為起點，從「潛在客戶親身參與之前需要些什麼」這道觀點出發來審視購買過程。唯有做到以後，才能繼續提問：「當潛在客戶試圖滿足七大基本需求時，我該如何支持他們？」
252

第17章 開始幹活
◎向造雨人學思考與行動
「完美善盡本分」不足以支撐獨立自足的開發業務策略，它是成功之路上必要但不充分的條件。絕不言「賣」，我們提供的服務反而更像是解決問題之道，無論你解決問題後得到多少津貼，最終都會為客戶帶來顯著的經濟利益。
270

第18章
所有業務都是在地事業
◎從絲路到資訊超高速公路
論及聘用建築師、人力資源專家或網路開發人員時，我們通常會從自己的人脈網中尋找，最多僅隔兩層或三層的關係人。這就是跨國服務公司在全球辦事處的網絡上花費大量資金的原因之一，他們憑藉本能知道自己有必要貼近客戶。
285

第19章
我們的未來願景
◎變革的路線圖
我們的客戶越來越像電影監製，聚攏各種資源成就任務。你在推動跨組織進步的協作生態系統中擔綱要角，並將一連串獨特的體驗、得來不易的深刻洞見與領域專業知識端上檯面，當它們結合其他資源，就能產生電影般的魔力。
293

致謝——306

專業服務面臨的

銷售難題

第 1 章
引人好奇的問題

我們上週五晚上在西雅圖機場看到的那個人就是你嗎？

我們原想打個招呼，但你當時正在講電話。

我們就是那種穿著藍色西裝外套的傢伙，拖著登機箱走進海鮮餐廳艾佛（Ivar's），點了一盤牡蠣，搭配手工啤酒生產商金字塔（Pyramid）出產的印度淡色愛爾（IPA）。你可能曾看過我們在搭上晚間飛機返家之前，埋首觸點手機螢幕撰寫感謝函。

且容我們自我介紹。

道格領軍一家商業發展諮詢公司，同時也是一家中型諮機構的董事會成員。在此之前，他與其他合夥人共同創辦一家以科技為重的諮詢商，專研全球網路調查計畫。早期他在諮詢服務商科爾尼擔任管理顧問，更之前則是在奇異接受領導力發展計畫培訓。

湯姆同樣經營一家諮詢公司，協助專業服務領域的龍頭企業開發業務，算是為諮詢顧問獻策的顧問。之前他曾受私募基金歷練，生平第一回擔綱營運長的舞台就是美國連鎖企業大豐收麵包。

也就是說，我倆這輩子都在為客戶提供諮詢和專業服務。我們會仔細研究專案、交付成果、設宴款待客戶、撰寫白皮書、上台簡報，並持續貫徹進度。

至於證據何在？每當外人問起我們的兒女，父親從事什麼職業，他們都說不出所以然，只會說：「他們一天到晚都在出差。」

於是我們寫下這本書，詳述顧客決定購買諮詢與專業服務的心路歷程。因為我們覺得，如果這一行有更多同業能變得更聰明些，懂得讓專業知識契合機會以便提供幫助，這個世界就會變得更美好。我們環顧四周，目睹許多需要解決的棘手問題，也看到許多腦筋靈活的人才好整以暇等著提供幫助。橫亙在雙方之間的挑戰，就是要如何更有效率地相互連結。

也許你是會計師、律師或網路安全專家；也許你就策略、人力資源、財務、行銷，營運或採購方面建言獻策；也或者你是接案設計師或行銷高手；你可能任職於某一家大組織，為諮詢顧問巨頭貝恩（Bain）、諮詢和會計商安侯建業（KPMG）或人力資源專業機構怡安翰威特（Aon）效命；你或許在波士頓或芝加哥某一幢帷幕玻璃與鋼筋搭建的時髦高樓裡努力工作。也搞不好你才剛出社會或告別職場不久，窩在你新改裝的客房裡工作，為客戶提供採購、組織或培訓建議。

無論你是哪一種狀況，這本書都值得你一讀。

為公司帶來新商機並贏得新客戶的造雨術

我們這群顧問或從事專業服務的人，全都知道自己必須努力成為可以為公司帶來新商機並贏得新客戶的「造雨人」，指的是能為東家帶進客戶業務的頂尖人才。在多數大公司裡，你必須成功帶進新業務，才有機會在晉升合夥人甄選時被納入考量。此外，如果你是一家中小型公司的創辦人或共同創辦人，公司的存活端賴你招攬的業務能否養活一整支部隊。

這是諮詢和專業服務產業嚴苛的一面：聰明過人還不夠，你必須知道如何和潛在客戶打交道，理解他們特有的挑戰及業務範圍。你得想出一套方法，橋接你的專業知識和它們最能幫得上忙的領域。**你必須有能力造雨，否則就注定死在商業荒漠中。**

問題是，銷售諮詢和專業服務大不易，甚至有人會說真的很難，而且是難如登天。

之所以困難，是因為銷售諮詢和專業服務，遠遠不同於賣鞋子；前者賣的是關係、引薦和聲譽，後者則是賣實體特色，好比尺寸、重量、顏色、風格和性能。這就是虛、實銷售之間的差異。

此外，儘管成為高效的造雨人至關重要，卻從來沒有人教過我們如何推銷自己的工作。我們全都受訓成為律師、會計師、網站開發者、財務分析師、工程師或建築師，知道如何完成分內工作，但所學就是與導入新客戶無關。

再者，有一道大家不願面對的真相是，在這一行中，「銷售」其實是一個上不了檯面的字眼。我們在研究本書的過程中採訪數十名造雨專家，說出「絕不言『賣』」這句話的人數，多到讓我們瞠目結舌。事實上，他們都直言壓根沒想過這個字眼，因為對他們來說，這種做法適得其反。麥肯錫顧問公司（McKinsey & Co.）是業界首屈一指的策略諮詢公司，其全球執行合夥人鮑達民（Dominic Barton）如此描述：「要是我在公司裡提到這兩個字，馬上就得接受內部的職業道德委員會傳訊。這種做法有違我們思考的方式。」

最重要的是，我們的諮詢利基業務細分越來越明確，因此也變得越來越全球化，當今我們在新加坡的客戶，和在舊金山的客戶幾無二致。一、兩個世代以前，週六打高爾夫球是結識新客戶的良策；到了二十一世紀的今天，這種手段已經落伍。

最後，業界許多人自認理解銷售這回事，大致可歸結成：需要挖掘潛在客戶、預判潛力，然後向客戶遊說，最後就是結案。但這一套模式，完全不適用諮詢和專業服務業。這種行業真正重要的是你和潛在客戶之間的關係，你得花上一輩子雕塑成形、悉心培育。

你大可稱它為造雨人的兩難：我們必須開發業務，不然就等死，可是我們在試圖高效開發這門業務時，卻遭遇了種種險阻。

肯定有更佳解決之道。南卡羅萊納州哥倫比亞市資深律師查克．麥當勞（Chuck McDonald）如此描述：

你在法學院學不到的一門課就是，民營機構的首要之務便是要找到客戶，這是你在企業組織內部攀爬職涯階梯的指標。你很快就會發現自己是不是做得來，你要是做不來，就會變成可有可無的取代品。公司裡有一些我們稱為「工蜂」的員工，坦白說，他們在內部就是無法贏得同樣的尊重或薪償。所以說，找客戶是至關重要的環節。

因此我們不免納悶，怎麼沒有更多人想要撰寫諮詢和專業服務商開發業務的相關書籍？快速在亞馬遜網站上搜尋領導相關書目，你可以得到十九萬一千三百四十八項結果；但如果把關鍵字換成專家服務業的高效造雨人時，一隻手就數得完結果。

諮詢和專業服務是一門一兆七千億美元的全球產業，在美國就有六百十萬名從業人員。

隨著美國經濟從製造業轉向知識密集型經濟，諮詢和專業服務產業也大幅擴展，喜迎成長率遠勝全國平均值的佳績。近兩年來，美國生產毛額平均成長二．二%，但諮詢和專業服務卻驚人地飆上一一．五%。兩者相差不只五倍。

此刻我們該學著聰明點，主動連結那些我們能提供最優質服務的對象。

本書許你一個承諾

我們將會協助你了解客戶如何購買諮詢和專業服務，書中知識將拓展你擁有的客戶數，並為你賺進更多錢。更重要的是，你的專業知識將能大展所長、解決更多問題，讓我們的世界更美好。

在此澄清，這本書不是一具銷售漏斗（sales funnel），*不教銷售技巧、優化探索、說服、結案或談判戰術，而是詳述客戶做出購買決策的流程，因為我們明白，這套觀點才是足以產生基於服務而非操弄的業務開拓之道。

* **譯注：**一種觀察銷售流程、動態反映銷售狀況，並採管理科學優化銷售結果的系統。

▼你不必具備這九大特質，也能從本書獲益

一、**無須「一定規模」**：無論你是為一家擁有四十萬名員工的全球資訊科技服務大廠效命，或者最近才求去自行獨資創業，「與客戶同在」的同理心原則，都是提升參與感的基礎，與公司規模大小無關。

二、**無須「一門特殊的專業知識」**：你發展人資諮詢實踐的方式，與促進安全諮詢的做法大同小異；推展法律業務與策略諮詢業務，也可說是殊途同歸。

三、**無須「銷售人員性格」**：只有外向型人格才能成功建立產生更強烈參與感的關係，這種說法毋寧是一種迷思；事實上，我們採訪的許多專家完全不是那種人格。

四、**無須「高額預算」**：當客戶購買服務時，做法都差不多，而且他們的購買模式多半不會受到你的業務開發預算高低影響。這是因為，現金雖然可以買到你的腳勤，但服務的銷售主要是看關係好壞，而打造關係來自時時刻刻的累積。儘管如果你口袋滿滿，有用的花錢方法不勝枚舉，不過鼓勵客戶完成購買決策的整道流程，其實花不了什麼大錢。

五、**無須「持續成長的行業」**：高成長產業面臨的挑戰，需要從外部引入專業知識來協助，

不過即使是更穩定的產業亦然。去請教任何破產律師或重組顧問工作忙不忙，他們的回答會讓你省悟，並不是只有成長型公司才需要聘請顧問。

六、**無須「熱門產品組合」**：如果你將產品銷售的敏感度導入服務銷售，不免會被「全新產品就是比較好」的念頭所吸引，有如銷售最新世代手機遠比十年前的骨董機容易得多。然而，當專業知識被包裝成「新產品」時，諮詢和專業服務的買家不免就會起疑。對他們來說，備受信任的顧問會和他們並肩作戰解決問題，這一點遠比「新鮮貨」更重要。

七、**無須「經驗層次」**：開發業務所面臨的基本挑戰始終相同——要不對上招搖自己商業能耐、希望躋身合夥人的年輕小伙子，或是得跟試圖擴大自身影響力的老鳥交手。

八、**無須「願意長年差旅奔波」**：拜訪潛在客戶是一種經得起考驗的開發業務之道，但是大量採用基於科技和電話溝通，以便參與並建立關係的作法，也已被證實同樣有成效。

九、**無須「行銷專業知識」**：你可能是設計師、會計師、技術專家或工程師，因此求學時代從未花費大量時間選修行銷課程。不用擔心，當多數行銷策略都在關注銷售實體產品之道，本書往後章節會讓你學到，客戶購買服務的方式與購買實物大不相同。

突破銷售專業服務之道

對我們而言，了解如何成功銷售專業服務之道的突破性一刻，在於當我們發覺成功打造諮詢和專業服務實踐的人士，都學會了「為什麼客戶會買單」的訣竅。他們採用了非常具體的策略與技巧，全力支援購買的決策之旅，而且他們壓根不關注銷售。

這些專家告訴我們，客戶在做出購買自家服務的決策之前，會提出極為具體的要求，這時非得使命必達不可。我們將這道先決條件稱為「客戶如何購買」的七大要素。

一、潛在客戶**意識到你**的存在，可能是朋友介紹、閱讀過你撰寫的文章，或是因為他們在某一場會議中與你結識。

二、他們開始**了解你**的工作以及你的獨特之處，可以明確地告訴別人你們確實的工作內容。

三、他們對你和你的公司**產生興趣**。他們擁有自己或他人所設定的目標，也察覺到在努力實現這些目標的過程中，你可能幫得上忙。也就是說，你的工作與他們息息相關。

四、他們**尊重你**的表現，很有信心你確實能提供幫助。他們會檢視你的工作紀錄、同儕的業績，還會爬梳各種社交線索，確保你不只有可信度，而且有可能為他們的目標帶來明晰可見的變化。

五、他們**信任你**，深信你會把他們的最大利益放在心上。

六、他們**有能力採取行動**，意思是他們職階夠高，拿得出資金、動員組織支持，以便購買你的服務。

七、他們做好幹一番事業的**心理準備**。在他們的組織內部算是時機恰好，也有足夠的心力能與你合作。

● 客戶決策之旅的七大要素

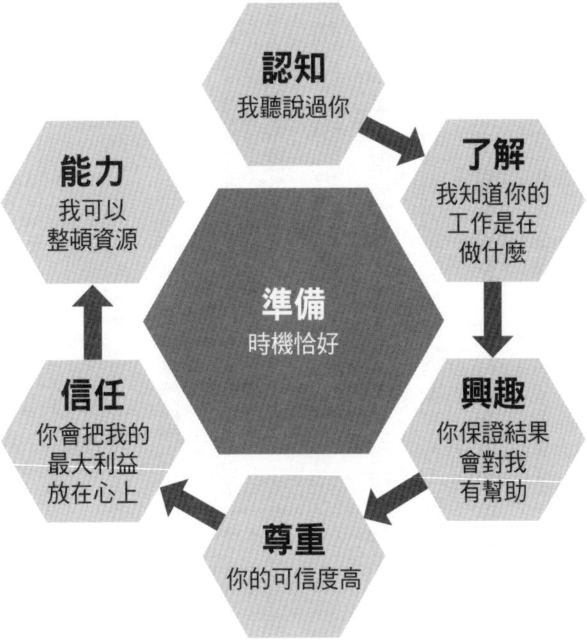
認知
我聽說過你
了解
我知道你的
工作是在
做什麼
興趣
你保證結果
會對我
有幫助
尊重
你的可信度高
信任
你會把我的
最大利益
放在心上
能力
我可以
整頓資源
準備
時機恰好

我們收集建言的方法

在本書中提供的這些相關要素建言，主要有三大來源：

一、訪談二十多位資深專業人士，他們為各行各業提供諮詢和專業服務，其中包括法律、會計、投資銀行，商用房地產，以及策略、廣告與人資管理等諮詢機構。我們訪談的多數對象都是自身領域中經驗豐富的「造雨人」，不過也確實與一些剛剛進入社會或是邁入職涯中段的個人深談；我們訪談的對象包括最大型集團裡的員工，也不乏中型、小而美型及個體戶企業；最後，我們則是找了購買專業服務的專業菁英訪談。

二、針對諮詢和專業服務商開發業務的主題檢視既有學術與通俗文獻。有些素材足以強力佐證，其中我們最喜歡的三份是：福特．哈汀的《造雨術與客製造雨人》、亞瑟．詹斯勒（Arthur Gensler）的《亞瑟法則》（Art's Principles），還有麥克．舒茲（Mike Schultz）及約翰．杜爾（John Doerr）合著的《專業服務行銷術》（Professional Services Marketing）。本書內容奠基於上述作品，我們希望這種做法有助於往後持續擴展，討論怎麼做有成效、怎麼做又會沒效果。

學者請留意

這本書無意成為學術出版品，而是定位成專為從業人員量身打造的刊物。從統計學的角度來看，我們研究的廣度和深度皆不足獲納入同行評審的學術期刊中，我們也都不具備科學、經濟或心理學的博士學位。也就是說，我們會對學術界高喊：「水不燙，跳進去試試看。」在高度分散的全球世界裡，擁有專業知識的人士如何橋接他們最能幫得上忙的領域，這道主題已經成熟到足以進一步探究。

三、我們浸淫管理諮詢與商業服務的集體經驗共達五十年，因此希望將我們在諮詢實踐中累積的個人經驗彙整成知識與教訓，並對外分享它們。讓我們備感鼓舞的是，多數我們認定是正確的事，都與訪談對象的心聲產生共鳴。

向前邁進

你的專業知識值得他人聽取，這位萬中選一的聽眾將如你所知、所見，會找到一處腹地，讓它們得以創造價值，但不只是為你而已，更重要的是為所有你最想服務的對象。

這個世界需要你的專業知識。且讓我們深究並學著如何打造一座橋樑，找到那些能夠善用它們的對象。

第2章 發現者、看照者與耐磨者

◎開發業務勢在必行

當羅素・戴維斯（Russell Davis）第一時間聽到消息時，他大清早就從瑞士搭機返國。各方說法從四面八方湧向他，美國有線電視新聞網（CNN）的國外版面、家裡打來的緊急電話，以及在校朋友寫來的溫情電郵。

二○○七年四月中，在一場暴力衝突中，一名精神狂亂的學生在維吉尼亞理工學院（Virginia Tech）的諾里斯與安博勒・強斯頓（Norris and West Ambler Johnston）西大樓開槍射殺三十二名學生。當時羅素正在海外深造，但他不僅是母校的學生會主席，更是不折不扣的維吉尼亞理工學院中堅份子。

「我覺得我得回家，和每個人一起共度難關。」

接下來幾個星期，校園中充斥各界對羅素和他的同學的溫情、對槍手百感交集的憤怒、對往生者無法兌現承諾的悲傷，以及僥倖逃過一劫、沒有成為槍下魂的解脫與內疚感。羅素記得，他將在五月的畢業典禮上發表演說，為此他一再字斟句酌、推敲內容。他說：「我得小心翼翼，因為這是一場畢業典禮，不是喪禮。」最終，他站在聚集於體育館的五千名畢業生面前，發自內心喊話：「你只活這麼一遭。絕對不要浪費時間。」

羅素以他自己選擇的方式展現領袖風範，亦即和他決定服務的對象共同面對。這一幕不同於電影《梅爾・吉勃遜之英雄本色》（Braveheart）中，男主角梅爾・吉勃遜（Mel Gibson）雄踞馬背上，登高一呼就重整蘇格蘭部落起身反抗英格蘭；反之，它靜默地喚醒責任心，因為這是我們所有人自我衡量的標準。

羅素自維吉尼亞理工學院畢業後，進入維吉尼亞大學達頓商學院（Darden School of Business）攻讀企管碩士學位，該校過半研究生都申請大型諮詢公司的職缺，其中一半獲准面試，其中再一半擠進窄門。所有頂尖商學院皆然。

波士頓諮詢（Boston Consulting Group，BCG）是全國首屈一指的策略諮詢公司，將「探索深刻洞察、勇於行動」當成使命。為此，他們需要領導者以及勇敢堅定信念的思想家。當他們第一次在維吉尼亞大學校園會見羅素時，當下必定明白已經找到貨真價實的領導者，因此在他攻讀碩士學位期間，延攬他成為暑期實習生。等他畢業後，波士頓諮詢便邀約他成為全職顧問。

對許多人來說，獲得一家大型諮詢公司賞識就好比是中了大樂透。「波士頓諮詢和其他諮詢商會走進講堂，對著學生簡報，暢談他們為客戶製作的酷炫策略作品。我知道我可以在這一行學到很多經驗，而且這一步就等於開啟了一道大門。拿到聘書的同學全都大喜過望。波士頓諮詢、麥肯錫和貝恩都各有打聽人才的管道，他們總是能聘雇到最優秀、最聰明的人才。」

諮詢業的生態

諮詢業吸引一些最頂尖的商學院學生，因為諮詢顧問總是被要求完成具有挑戰性和重要性的工作。「我自從進入波士頓諮詢工作後，一直致力研擬消費性產品、運輸與工業產品的成長策略、成本削減與營運計畫。我在兩年間學了很多。我經常出差，但公司待我不薄，而且待遇也很豐厚。」羅素回憶道。

待遇真的很豐厚。在波士頓諮詢，像羅素這樣的企管碩士生畢業後，平均起薪為十四萬七千美元，外加林林總總共約五萬至七萬美元獎金，以及退休金儲蓄計畫。這種等級的年薪不是特例，而是行規，最負盛名的大型諮詢機構貝恩、麥肯錫、奧緯諮詢（Oliver Wyman）、艾意凱（L.E.K）與科爾尼皆然；四大會計師事務所暨專業諮詢服務商安侯建業（KPMG）、勤業眾信（Deloitte）、安永（EY）與資誠（PWC）支付企管碩士畢業生總年薪也全都超過十五萬美元；就連埃森哲（Accenture）、IBM這些資訊科技諮詢公司也不惶多讓。

可是「我不屬於那個圈子」

如果你是獨資經營者、為一家小型註冊會計師事務所服務，或者是在門口掛出律師招牌開業，羅素的世界可能看起來遙不可及、看不真切，就像哈伯（Hubble）望遠鏡拍攝到迄今為止人類所發現的最遙遠星系GN-z11——聽起來很有趣，但又好像無關緊要。你聽到關鍵句「年薪有十幾萬美元」，心想：「要是我的營收有十幾萬美元就謝天謝地了。」

這些我們都明白，我倆一向是獨資經營者。湯姆記得他開辦私募基金公司時，心裡想著不知道會不會有交易進來。「我會躺在床上徹夜難眠，滿腦子想到嗷嗷待哺的幾張嘴和下一筆房貸繳息，幾乎像是看到鮮血從天花板流淌下來。」道格則記得自己搭機飛往紐約為大客戶提案，心裡卻懷疑他會不會犯下悲劇性的嚴重失誤，有著任職於奇異公司這種好飯碗卻放棄，跑去開辦羽翼不豐的顧問公司。

請緊跟著我們。我們去深入探究高階顧問的世界是有理由的，事實證明他們遇到的問題和我們大同小異，而且根據他們的經驗來看，「為什麼客戶會買單」有跡可循。

職涯的階梯

羅素任職波士頓諮詢期間，學到一些關於諮詢的知識。「有一座與眾不同的階梯。你身為菜鳥顧問，公司會期望你挽起袖子快速上手、快速貢獻。如果你一從研究所畢業就加入波士頓諮詢，公司會稱你為顧問助理（associate）；倘若你從這個職階開始晉升，或是加入後企管碩士計畫，也就是上完企管碩士班課程後繼續修習相關課程，你就會成為顧問（consultant）；此後，你會再晉升為專案負責人，負責管理團隊，同時可能會有幾名顧問、一名助理與你共事；擔綱專案負責人兩年後，你可能會高升為董事經理（principal），下轄兩名專案負責人；要是你在這個職位歷練三到五年，就有資格進入合夥人票選行列。當你成為合夥人，可能會再更進一步成為資深合夥人，而且還有機會直達領導階級。」

儘管你若是任職建築師或律師事務所，職稱可能不一樣，但整套體系相差無幾。首先你會與一批剛畢業的新鮮人共事，要是你表現突出，一次就可以在職涯階梯上升一階。公司會保證，你所付出的時間值回票價。波士頓諮詢合夥人的年薪高達七位數，而且外加獎金與紅利分潤。如果你和羅素一樣是個來自維吉尼亞州史丹頓市的小夥子，那麼你就會卯起來全神貫注、全力以赴。

向上爬或向外走

羅素在波士頓諮詢學到的第二堂課更嚴苛。他說：「不是向上爬，就是向外走。你一旦爬到某個高位，各種訊息就不脛而走。人們會說，『看看四周，合夥人遠比顧問少得多。自己掐指算算就知道，不是人人都當得成合夥人。』大家開口閉口都在討論這種事。」

「你自己知道，你要不是升官加爵，就是捲鋪蓋走人。沒有人會真的被炒魷魚，你只會聽說某甲離開，轉換跑道『進入業界』。但不會有人告訴你，離職的決定其實不完全是個人的意思。你在攀爬職涯階梯時，每踩一步都會看到相似的光景。去蕪存菁永不止息。」

每一名進入波士頓諮詢的員工都會學到這門基本課程，因此也都會順勢提出理所當然的問題：「我在這裡該怎麼做才能成功？」這裡是達爾文式的菁英政治體系，唯有第一名才能生存，第二名以降則會被「輔導勸退」。整套流程都非常客套有禮，但是大型諮詢公司與生俱來就是一座無情的金字塔，不是每個人都能掙得一席之地。

▼坎威斯系統（Cravath System）

一八六一年夏季，保羅・坎威斯（Paul Cravath）在俄亥俄州出生，長大後分別在當地的歐柏林學院、紐約哥倫比亞大學法學院（Columbia Law）取得學位。每當他對紐約的律師同儕說自己的姓氏在捷克語是「裁縫」之意，字源來自於「砍減」，總是會博得一陣輕笑，因為朋友們皆知，他是汰弱留強管理法則的鐵粉。

坎威斯身高一百九十三公分，站在同事旁邊顯得高挺巨大。他是冠名合夥人，公司全稱是坎威斯・史文與摩爾（Cravath, Swaine & Moore）律師事務所。他曾服務化學銀行（Chemical Bank）、伯利恆鋼鐵（Bethlehem Steel）與斯圖貝克公司（Studebaker Corporation），*被譽為全國最受尊敬的律師之一。他對於如何經營一家律師事務所具有非常明確的想法，但並非業界常規。這套做法即是廣為周知的「坎威斯系統」。

* **譯注：**化學銀行多次購併後，於二〇〇〇年定名當今的摩根大通。伯利恆鋼鐵已於二十一世紀初破產、解散，斯圖貝克公司則在一九六三年倒閉。

- 聘請最頂尖法學院的最頂尖律師。視成績為預測對方在業界成功的指標之一。
- 重金獎酬。在坎威斯之前，年輕律師都從學徒做起，拿時間換取培訓經驗。花錢聘請年輕律師堪稱革命性舉動。
- 不斷調動他們接辦各式各樣任務以廣泛訓練他們。坎威斯不埋單各自為政那一套。他覺得，經驗豐富的律師才能為客戶帶來最大價值。
- 論功行賞。坎威斯深信，經營公司就得走菁英領導路線。年輕律師只要成功完成任務就獲晉升；反之，要是不達標就解雇。

如今，幾乎所有諮詢和專業服務公司都依樣畫葫蘆。坎威斯系統得以無所不在，歸功於三大關鍵理由：

一、**槓桿**：如果合夥人不只是按照自己的鐘點計費，還能從轄下初級助理律師的鐘點費之中抽成，就能獲得更高的總薪酬。你要是僅收取自己的鐘點費，表示你的收入會碰到天花板；如果你能仿效加值經銷商，採取行動買賣他人的時間，你的錢途就沒有上限了。這下子，你的薪酬僅是根據你掙到的案子規模、參與同事的人數而構築的函數。這就是商業模式。

二、**動機**：如果年輕助理律師自認終有一天他們會賺進幾百萬美元，躋身格林威治鄉村俱樂部（Greenwich Country Club），就會願意為此長時間工作、源源不絕地奉獻熱情。同樣的，要是他們不做如此想，就乾脆請他們走路好了。這就是蘿蔔和棍棒做法。

三、**品質**：很難確保必能延攬優秀人才，所以最省時的方式，是一開始就從頂尖法學院下手擇優捨劣。

出類拔萃的三支鼎足

羅素和新來乍到的同事週末聚會喝啤酒時，會討論如何才能在波士頓諮詢拔得頭籌。

每個人都同意的第一支鼎足，就是你必須是業界高手。這一條法則適用各種專業服務：法律、資訊科技及更嚴格的策略諮詢領域。完善交辦任務是每一家公司的內化承諾，若是你無法達標，就甭想從第一階踏上第二階。埃森哲是全球最大的資訊科技諮詢商，如果它指名要從內、外等多元管道產出可操作的數據，你就得想盡辦法擠出數據給客戶，要不然埃森哲

（和你）就等著喝西北風了。

第二支鼎足是團隊領導，你必須能召集團隊中其他足以交辦任務的成員。倘若一家總部位於西雅圖的註冊會計師事務所，派遣一支專業團隊前往阿拉斯加，查核當地一家罐頭工廠的帳簿，就會同時派出一位團隊領導人，確保每個人都朝向正確的方向行進。當每一名團隊成員下班後去喝一杯，她也會負責把他們載回下榻處。

上述的完成交辦任務、帶領其他人交辦任務，這兩項技能分別具有初級、中級、高級和大師級版本。一家市值三千萬美元的體育用品零售商旗下電子商務網站出包，修復很難，但是我們在埃森哲的朋友說，修復美國健保交易網站HealthCare.gov的問題更難。若說前者的工作是方形藍寶石美容師，後者的工作就是還要在背面加做黑鑽底徑。

第三支鼎足是創造全新業務的能力。有能力完成交辦任務、成功帶領其他人交差是一回事，但是想當公司裡的要角，你非得一開始就有能力和客戶打交道，然後簽訂交易合約。

亞瑟．詹斯勒是《亞瑟法則》作者，也是全球首屈一指的建築公司詹斯勒（Gensler）創辦人，蘋果直營店（Apple Store）就是它的代表作。詹斯勒曾說：「生意鮮少從天而降，你得自己出門探索並找到客戶。」

商業上的誡令

諮詢和專業服務這一行有三種人：發現者、看照者與耐磨者。耐磨者是執行者，看照者是管理者，發現者則是帶進業務、讓其他每個人都有任務可交辦的開創者。

羅素很明白造雨人這條誡令。「在你成為合夥人那一刻起，就得聚焦在商業上。你得可靠地執行所要求的任務，還要有能力賣出一套價值百萬美元的轉型大計給某家企業客戶。」

但是，目標清楚卻不代表方法清楚。羅素說：「要是我能對公司的資深合夥人提出一個問題，我會問，『他們當初怎麼找到生平的最佳客戶？』像波士頓諮詢這類大公司，多數工作都是靠轉介而來的重覆性業務。但我真的很好奇合夥人都怎麼做，特別是如何在早年找到那些一次又一次花錢請我們辦事的大客戶。」

我們也覺得這個問題很有意思。

我們其他人的狀況呢？

不只大公司苦於如何找到新案子，放眼顧問或專業服務業者皆然。雖然網頁設計師或接案的網絡安全專家，可能不需為坎威斯這類雇員高達上萬人的血汗企業賣命，但也得各走自己的「向上爬或向外走」之路，一樣也得開發新業務，不然就坐以待斃。

「我要是沒有四處兜售，就等著破產停業。」一家僅三名員工的行銷傳播公司老闆梅根．阿姆斯壯（Megan Armstrong）說。「沒有客戶就沒有業務。」

其實這是換湯不換藥的命題：你想成功在諮詢和專業服務業掙得一席之地，就得身兼耐磨者、看照者與發現者。這也是我們所有人的立足基礎——三支鼎足只要缺其一，就撐不住你了。你若置身大企業，就意味著你將被洗牌出局，當不成合夥人；你若是自營商，就意味著關門歇業。

好吧，我就是得銷售；但該怎麼做？

這麼說好了，諮詢和專業服務從業人員必須心心念念下一頓飯在哪裡，這不是什麼會引起爭議的說法；如何找到下一頓飯是本書往後章節的重點，這部分才真的有爭議。有些人只把專家服務看成另一種類似文具或木材一樣待價而沽的產品，其他人（包括我們）卻視諮詢和專業服務業為非常與眾不同的產品，需要獨樹一格的做法。

羅素知道，他若想成為諮詢領域的大哥大，就得學會出去找案子；他也知道一定很困難，因為他在商學院並沒有學到這種技巧。所以我們拿他的問題去請教業界最頂尖的大師，採訪一些成就斐然的專家，徹底了解為何銷售諮詢和專業服務可謂挑戰。

在第三章，我們將努力更詳實闡述，諮詢和專業服務從業者與潛在客戶打交道的手法不同於銷售其他商品。他們的目標不在於兜售我們做些什麼，而是反過來讓客戶視我們為可信賴的合作夥伴，主動邀請我們參與他們的計畫。

銷售專業服務的
4個系統性阻礙

第3章

超越像素

◎賣服務迥異於賣商品（而且更難）

賣冰淇淋或iPad，無法與銷售頂級專家服務相提並論。經濟學家稱諮詢和專業服務為「信任財」（credence goods）。美國西北大學個體經濟學教授艾胥・沃林斯基（Asher Wolinsky）如此定義：

「信任財」一詞意指商品和服務的賣家本身就是足以決定客戶需求的專家。信任財的特性普遍見於醫療、法律服務及各式各樣的商業服務。在這些市場裡，即使執行服務的成果斐然，客戶往往無法自行判斷服務範圍，也無法衡量實際執行程度。

我們都經歷過這種感受：你一早起來，發現筆記型電腦死當在藍色螢幕錯誤畫面，於是帶去送修。門市員工看似和善，但他的工作就只是和客戶哈啦。他會告訴你，等他們拆開機器、檢查完畢，就會打電話告知結果。你納悶他搞不好對電腦一竅不通，根本只是因為很會耍嘴皮子才被雇用。當下你感覺他的任務，就是阻礙你接觸他們的技術人員。

上午過了一半，你接到他的電話。「我們檢查過你的筆記型電腦，很可能是記憶卡燒壞了。我們會進一步診斷測試，這樣才能真正搞清楚情況。不過我得先知會你一聲，你很可能得換一片新卡。」

你試著做出正確回應。「我才用一年多。」你正好在客戶的辦公室裡，得摀著手機壓低聲音說話。「怎麼會這樣？」

「其實這是這個品牌的電腦常見的缺陷。它都對外宣稱沒有製造瑕疵，但我們看到同樣問題一再發生，因為它採用台灣一家初創製造商供應的一批劣質晶片。根據我們發現的結果，你或許只需要新添一條記憶卡就好，但也可能必須汰換一塊全新主機板；要是這樣，你就得花大錢了。下次你可能得考慮延長保固期。」

「好吧，診斷完以後請打電話給我。」你無力地說。

「沒問題。」

你全權交給專家了，只能指望他們佛心來著。

醫師也是這樣。「先等我和一些同事諮詢後再說。我們會討論出幾套治療方案……」

這是一種很讓人不安、無助的感覺。他們都是專家，也都是定義問題、提出建議的對象。沃林斯基博士稱呼這種現象是所謂「資訊不對稱」，即一方無所不知，另一方只能去網醫師（WebMD）搜尋。

儘管律師與安全顧問兩者的能耐八竿子打不著，但銷售手法大體相同，主因之一可歸咎於這種不對稱現象。所有的專家服務提供商，都必須在客戶心照不宣地付出信任的情況下做成生意。

試想一下，你與律師談到你從網路下載的制式保密協議。你說，反正幾十年來企業都是用這個版本換來換去，理當差不多吧。但是，你的律師必然會指出專業知識，指出你在「法律是會有多難」這個網站上找到的通用協議，實際上並未涵蓋你的特定業務。「因為你的知識財產權歸屬於愛爾蘭，我們得把這部分納入考量，確保你在當地受到保護。除此之外，我們也需要修改仲裁條款。」

你大為懊惱，只好說：「好吧，你何不全部看一遍，然後把該辦的事辦妥。」兩天後你收到一張畫了紅線的新版本保密協議，與一張費時三・四小時的帳單。就在這一刻，你完全理解沃林斯基博士寫下這段話的箇中真意：「客戶往往無法自行判斷服務範圍，也無法衡量實際執行程度。」

「信任」一詞源於拉丁語動詞credere，意指相信或信任。這個字源延伸出其他字彙，好比債權人，意指信任你的人；可信度，意指對方獲得信任的程度。當你購買信任財，就得信賴你已經花費心思請託的專家。

銷售諮詢和專業服務很難，因為客戶在決定購買之前就必須先信任我們

客戶必須相信專家會正確診斷他們的問題。

客戶必須相信專家會開出有效的解方。

客戶必須相信，專家能夠並主動採行一種終能達成目標結果的方式開展工作；客戶必須相信，專家會根據實際完成的工作結果公平制定服務價格。

信任傳遞的三大管道

信任財即是指本著信任生財，為專家與他們最想服務的客戶提供參與的動力。信任感將基於以下三大管道，從一方傳遞給另一方：

- **關係**：我和一名律師上同一間教堂，因此知道她是好人。
- **推薦**：我很信任的朋友推薦我一名在科學園區工作的網站開發工程師。他說我應該向安女士求教。

- **聲譽**：我在家庭諮詢服務機構村包（Village Wrap）讀到，衡度解方公司（Criterion Solutions）連續第二年被票選為人力資源諮詢領域的第一名。

這些是客戶考慮購買的參考依據。客戶雇用他們認識、尊重和信任的對象，或密友、同事推薦的人選。

為什麼銷售服務與銷售實物不同

現在讓我們想想產品的銷售方式。

你不想再用iPhone了，因為麥克風老是故障，手機螢幕上的app還常常突然神隱；但說句公道話，其實是兩個星期前你不小心把它摔在達拉斯市的人行道上。你上網搜尋「最佳手機」，向下滑動跳過贊助商廣告後，看到科技新聞網站CNET與微電腦傳真（PC Magazine）的評比列舉一大堆屬性：速度、重量、穩定度、成本、攝影品質和電池壽命。

你盯著這張清單，在心裡重新排列各項指標的權重。你很在意電池續航時間，但不太關心攝影品質或價格。你一邊瀏覽這張比較清單，一邊容許評論者天花亂墜的文字對你洗腦，無論是極盡吹捧之能事或是從頭批評到尾，最後你做出選擇。

你和手機製造商之間資訊不對稱，因為你對手機如何運作一無所知，但其間卻有兩股力量介入：

- CNET和微電腦傳真志願擔任公正的信息中介者。
- 所有屬性都可以被客觀量化。成本可以算得出來，電池壽命也可以測試。

結果是，至少某個程度來說，你還是可以理智地購買新機，不必過度依賴人脈關係、推薦或聲譽協助你做決定。我們用了「過度」這個字眼，是因為其間差別當然不是非黑即白。我們大多數人都會打電話給朋友，詢問：「我應該買哪一支手機？」或者根據品牌效應決定購買標的。

在諮詢和專業服務領域，總是有一股推力想要讓信任財變得更像普通商品。市場情報機構顧能（Gartner）的資訊科技專業服務公司評比頗具參考指標，它根據視覺圖像的完整性和執行能力排名，努力為資訊科技服務買家製作一份堪比CNET水準的報告。

「視覺圖像的完整性」和「執行能力」比速度或相機品質更難以量化，而且某些標準相當主觀。你可以測試手機的基準功能，像是量測處理器運作速度、每平方英寸的像素數，但顧能則導入專有的演算法，將科技服務商劃分為領導者、挑戰者、遠見者和利基玩家，試圖提供買家一些指引。

不過顧能嘗試讓購買行為更理性化的企圖心，並未消除一道牽涉更廣泛的事實：當客戶交付重要的任務給專家，以便診斷問題、提供解決建議時，他們會與自己信任的對象打交道，無論是醫師、網頁設計師、薪酬專家或工廠安全顧問。

近二十年來，在專業服務公司管理領域，前哈佛大學商學院教授大衛．麥斯特（David Maister）是全球廣泛認同的頭號權威，他闡述觀點如下：

與客戶打交道時，信任的需求顯而易見。試想你自己購買的專業服務，無論是雇用某人打點你的法律事務、報稅工作、兒女照護或是你的保時捷跑車，聘請專業人才的行為都需要你將事務交到對方手上。你會被迫啟動信任模式，而且只能期望對方恰如其分地回應你。你大可事先研究對方的背景、測試技術能力，並試圖檢驗過往績效，但儘管你該做的都做了，到了非得決定聘雇誰那一刻，你終究會找上那個當你把寶寶交到他手上，自己能信得過的對象。這絕對不是容易做的必要決定。

大衛的觀點與我們不謀而合。倘若你的雙親需要擬定遺囑，你主動協助他們找律師，多半情況下你不會上網搜尋「邁阿密最頂尖律師」。同理，你也不太可能會拿起電話就打給素未謀面的律師，只因之前剛好在廣告看板、卡車車體的廣告看到宣傳資訊。

你為雙親尋找好律師的方法，會是推薦某位曾一起共事的對象，或是打電話請律師朋友推薦人選。再不然，就是雙管齊下：「我在處理購併業務時，曾經聘用過這位很厲害的律師。我請教她可能會推薦誰。」

▼寫給千禧世代

如果你出生於一九八〇年代至二十一世紀初，就是社會學家所謂的Y世代或千禧世代。美國作家和教育演說家馬克．普倫斯基（Marc Prensky）稱呼這個世代為「數位原民」（digital natives），主張他們是第一個從出生起就生活在數位時代的世代，手機、電腦、網路和數位影音素材等所有數位工具，他們運用起來都毫無滯礙。

本書作者湯姆和道格都是五十歲出頭，雖然我們也很自在使用多數數位工具，但不歸屬於數位原民。我們使用智慧型手機功能還算上手，但老是會遇到狀況，app、社群媒體亦然，當下往往得請教屬於數位原民的兒女、學生或同事。

我們提起這件事，是因為本書旨在闡述當今客戶如何做出購買決策，而非二〇二五年或二〇三〇年時決策將會如何做成。當今企業的決策者基本上都不是數位原民，企業領導者多半和我們一樣，都是生於在數位時代之前。因此，儘管當今領導者會使用手機與app，我們這一代做決策時仍不會像千禧世代一樣倚賴手機或筆電。

我們最近訪談協助本書編輯的艾琳。她三十多歲，在當地大學教英語。我們向她解釋，我們相信客戶要不是聘雇自己**認識**、**尊重**並**信任**的對象，就是會接受密友或同事極力**推薦**的人選。

但艾琳的做法截然不同，她與我們分享經驗。每當需要決定找醫師或律師時，她會打開全球最大點評網Yelp做搜尋，或是去其他類型的評論網站。她打趣：「我要是問朋友能不能推薦好律師，他們可能一個名字也給不出來。我寧可相信Yelp。」

這番話讓我們雙方展開熱烈對戰。我們認同，選擇餐館時Yelp可能很有用，重大且重要的決定卻是另一回事。不過，世界瞬息萬變，或許有一天，「為什麼客戶會買單」的理由可能和當今意涵大相逕庭。

實體產品和信任財的銷售方式無法相提並論。客戶不是根據信任財的功能或屬性花錢；他們是根據無形標準購買諮詢和專業服務。

產品銷售	信任財
有形	無形
規格	聲譽
屬性	可信度
特色	尊重
保固期	有想法的領導力
促銷	關係
實體／網路	信任感

▼供應與需求理論，未必適用於專業服務領域

我們念大學時都學過個體經濟學，因此知道價格有兩道作用力，即供應與需求。倘若供應有限，好比小天后泰勒絲（Taylor Swift）在西雅圖世紀互聯球場（CenturyLink Field）的演唱會門票價格，隨著需求節節上升，票價就會跟著上漲，這是你在全球最大門票交易平台剩票區（StubHub）看到一張票瘋喊五百美元的原因。同理，如果需求清淡，諸如《財星》（Fortune）前五百大企業有意進行策略評估，正因總共也只有五百家企業，你可能會以為，當策略顧問數量增加，價格就會下跌。

但事實並非如此。在諮詢和專業服務領域，價格鮮少與供應或需求扯上關係，這是因為我們賣的是信任財。經濟學家告訴我們，買賣信任財時，客戶很難衡量價值，畢竟專家就是比我們更會找問題、給解方，為此，聲譽堪稱品質的代名詞。

舉例來說，斐銳律師事務所（Fish & Richardson）堪稱全球知識財產權領域第一把交椅。所以儘管每一所法學院都教授智財法，而且光是美國就有一百二十萬名律師，他們照舊收取天價鐘點費。

事實上，法律界的供需現況不適用諮詢和專業服務領域，這意味著我們銷售這些服務的方式，與我們銷售鞋子不可一概而論。

銷售專業服務的系統性阻礙

稍早我們已經說明，為什麼販售諮詢和專業服務迥異於賣商品，而且更難。不過實情遠比你想像更嚴峻。除了銷售諮詢和專業服務的本質與銷售實體產品大不相同，更有四大系統性障礙橫亙眼前，讓我們無法精熟銷售服務之道。

且讓我們試圖一一破除、理解上述障礙，因為銷售諮詢和專業服務新思維的種籽必定得從堅硬多岩的土地破繭而出。理解每一道障礙有其必要，這樣我們才能知道，挽起袖子幹活時，眼前將會遭逢什麼景況，也才能學會如何更完美培養足以敦促我們充實並發展業務的新客戶。

第4章

一號障礙：商學院沒有教你的事

◎如果我理當是專家，為何會覺得銷售這檔事很蠢？

喬治．威斯（George Wythe）是十八世紀維吉尼亞殖民地最德高望重的律師之一。牧師李．馬希（Lee Massey）形容他是「生平所認識最誠實的律師」。這道美名為威斯帶來川流不息的客戶，位於威廉斯堡的辦公室候見廳經常坐滿互爭地盤的農場主人、殷切期盼起草交易收據的仕紳，以及想要償還債務的航海船長。

一七六二年，他決定自己需要幫助。他在喬治王子郡（Prince George's County）修習法律幫助叔叔史帝芬．杜威（Stephen Dewey），期間想到，找個威廉與瑪麗學院（College of William and Mary）的年輕人來接替他的角色或許是個不賴的點子。他的盤算是，他教對方法律，換來小學徒幫他擬定草約。他遇到在大學執教鞭的蘇格蘭朋友威廉．史莫（William Small）博士，兩人走進羅利酒館（Raleigh Tavern），乾了幾輪當時流行的調酒響破頭（rattle-skull）之後，他請對方推薦人選。史莫放下酒杯，毫不猶豫地回答：「夏德威爾市

（Shadwell）來的年輕人湯瑪斯・傑佛遜（Thomas Jefferson）就是你要的人才。他的母親出身當地望族倫道夫家族，他本人也天資聰穎。」

威斯和傑佛遜都很熟悉這種隨行在大偶像身旁邊做邊學的模式，這也是鐵匠、製燭匠、藥劑師、製桶匠、銲鍋匠、畫匠、車手、製造運貨馬車工匠、麵包師傅與銀器匠接受訓練的方式。想要蓋房子？先幫建築前輩打工；想要當律師？那就從律師助理做起。

大半美國歷史中，學徒制是培訓律師、會計師、建築師、醫師和工程師的主流模式。你隨行在成就斐然的專業人士身邊，學習之道就是觀察對方的做事方法，拿你的勞力交換他們的知識與疏漏。當你練就一身功夫，就可以自行開業服務客戶，屆時你將會輾轉找到新落腳處，以免和恩師競爭。

學徒制教育有一個重要部分，就是理解如何吸引新客戶進門。當然，我們找不到當年威斯在這門領域諄諄教誨傑佛遜的紀錄，但若從他們的行動與遺愛後人的精神來看，我們或可想像他這麼說：「善盡本分，對所有關係人務必誠實以待，積極發揮市民功能，寫作出版，絕對不要拒絕公開演說的機會。」

大學沒教你的事

一等到大學開始在法律、會計和工程等領域為學生提供學位制課程，教授年輕專業人士功夫的傳統學徒制就被顛覆了。商業教育很快地跟著進入校園，大學開始提供企業管理碩士學位。沒多久，法律和會計這類的專業認證團體也跟進，公開宣稱接受專業培訓的首選方式就是上學去。

從學徒制過渡到大學主導的培訓過程中，與客戶打交道這項要點，不知怎地人間蒸發了。演變至今我們所面臨的情況是，你在專業領域努力取得證照，代表你會交付工作成果，但不必然代表你明瞭如何銷售專業。

這一點值得再次耳提面命：

銷售見解、設計、專業知識和建言，絕非你在課堂上學得到的技巧。

這一點道格最清楚，因為他是商學院教授。「我們教學生會計、電腦科學、工程，但就是不教銷售這些服務之道。在學術界，銷售是上不了檯面的字眼。」

這是因為，銷售這門學科被認定地位遠低於學術。

儘管商學院至今持續提供某種類型的銷售管理指導，通常是包含在範圍更廣泛的行銷課程中，但就是不會開辦傳授銷售技巧的課程。這種打著心法之名的書籍，從一九一〇年代至今就是更適合超級業務員用在廣受歡迎的工具書、自傳標題，學術課程對它們一向敬謝不敏。

——《賣上一百年：歷史上的偉大業務員如何創造奇蹟》（Birth of a Salesman）

作者華特．弗利德曼（Walter Friedman）

以下是美國賓州大學華頓商學院第一年MBA課程，分為六類課程：

- **領導力**：團隊合作和領導力的基石
- **行銷**：行銷管理
- **個體經濟學**：個體經濟學基礎
- **經濟學**：管理類型經濟學的進階主題
- **統計**：經理人參考用的迴歸分析
- **管理溝通**：演說與寫作

沒有任何一類著墨銷售或開發業務。你心想，真是奇怪；你老爸的聲音在腦中響起：「沒有人賣新鮮貨，就看不到新鮮事。」說句公道話，他是在保險業工作啦，但不管怎樣，你就是覺得商學院理當開設銷售技巧的課程。不是每一家公司都有業務部門嗎？難道不是每二十個美國人，就有一個從事某種業務性質的工作嗎？

建築、法律或會計等其他專業學校，也一樣不重視銷售之道。你翻開史丹佛法學院（Stanford Law School）課程目錄，會看到購併、行政、環境、刑事和知識財產權等專科，但就是找不到銷售課程。

這是怎麼一回事？難道專業人士不用經營業務，企業也不需要客戶嗎？

這些專業科目學校有一個暗黑小秘密，那就是他們教你學會一技之長，卻不教你如何找到顧客。

如果你只是大型諮詢或專業服務企業的菜鳥員工，這種情況沒什麼問題，反正老鳥前輩會餵給你很多工作，讓你鎮日窩在地下室忙到爆肝。不過……

- 你要是想成為資深員工，就得學會如何高效找到新業務。
- 你要是求去自行創業，就得學會如何高效找到新業務。

- 在未來任何時點，你要是受夠了待在公司位階最底部，老是在消化高階主管層層往下交辦的業務，就得學會如何高效找到新業務。

光是想到我們願意砸下幾十萬美元，確保自己學會一切當客戶走進門之後派得上用場的技能，但談到門板鉸鏈的潤滑油卻一毛不拔，你一定也會覺得這太誇張了吧。

> 回顧歷史，培訓專業人才搶贏新客戶一向毫無章法。法律、會計、工程、醫學和建築等專科學校都不教授銷售技巧；大多數商學院亦然。但若將銷售是定義企業存在與否這一點考慮在內，只能說讓人驚呆了。許多公司開辦技術相關的內部教育課程，幾乎所有企業都提供在職培訓，但精進行銷與銷售技能卻是可有可無，使我們多數人都必須在做中學、錯中學。
>
> ——《造雨術與客製造雨人》作者福特．哈汀

商學院為何不教專業服務銷售心法

假設你想成為哲學教授，唾手可得上千年的培訓史料，也有大學授予博士學位。但諮詢

和專業服務供應商則非如此，他們的資格認證是新興現象，直到一八八七年，才有三十一位會計師決定聯合創辦美國公認會計師協會（American Association of Public Accountants），為所有從業人員的專業制定標準，並針對準會計師開辦能力檢試。

大學也是近期才開始採取行動，從它們開始動起來那一刻起，新落成的商學院就傾全力爭取學術合法性。

> 十七世紀初，第一批清教徒遠從英國而來，在那之前，美國這塊新大陸的商學院相關紀錄付之闕如。最早史跡是一六三五年在麻薩諸塞州普利茅斯（Plymouth）殖民地創立，很可能移植自蓬勃發展的英國工業。業主是某一位姓摩頓（Morton）的先生，公告周知教授閱讀、寫作和記帳技能。兩百五十年來，商學院依舊保有純為職業需求打造的色彩，聚焦「筆法、簿記，快速算數心法，以及結合文法結構與商業信函的寫作風格」。
>
> ——芝加哥大學商學院前院長理查．羅賽特（Richard Rosett）

接著，進入二十世紀前後，全新型態商學院應聲崛起，開辦進階課程，並拓展業務範圍，從商業技能到最佳實踐。羅賽特說：

一九二八年，時任院長里昂・卡洛爾・馬歇爾（Leon Carroll Marshall）形容新型態商學教授應該要「全神貫注研究、演繹商業的基本流程、條件與外力，同時『對不那麼重要的技術帶著偶一為之的關注』。」他進一步建議，「商學教育需要我們與幾門既有學科建立成熟聯繫……當今經濟學應該強調定量分析，並在這個基礎之上……擴展經濟與法學或經濟與心理學之間模糊不清的邊陲地帶。」

這股推動商學院遠離實務經驗、轉向理論的風氣引爆燎原大火，很快地商學院不僅提供MBA學位，更進階到商業博士學位。商業研究和社會學、人類學及心理學等其他社會科學一樣，在學術階級中都是懷有自卑情結的新興勢力。商業學系的彌補之道是，仿效數學和物理學，教授經濟學、財務學、資源管理學等任何可以量化的硬科學，並且避開人力管理或銷售等軟技能，它們可能更適合跟在經驗豐富的前輩身旁邊做邊學。

銷售是一門尋找並吸引潛在客戶的藝術，漸漸成為一種宛如計算能力、書法的遺物，最好是留給職業的「商業學校」去琢磨。

也因此，我們很少受訓學習諮詢或專業服務的銷售之道，這一點實在很諷刺。我們美國的自豪之處就是引領商業風潮，我們熱愛在商學院拿科技大廠當範例說嘴，但幾大軟體龍頭甲骨文（Oracle）、思愛普（SAP）與微軟（Microsoft）不僅是科技翹楚，更是銷售雄兵；網路巨擘谷歌（Google）與臉書（Facebook）雖然稱不上是銷售力密集型的公司，卻善於助攻其他企業銷售。

結果是，當我們思考開發更多業務以便提升業務需求時，整個胃都要擰絞在一起了。這根本就不是我們在商學院學到的技能啊。

「我希望我的工作品質足以讓我的業務成長。」

「我討厭銷售。有失我的格調。」

「我不是行銷人員。」

「每當我嘗試涉足開發業務時，老是搞不清楚自己到底在做些什麼。」

如果你心中正上演這幾齣小劇場，不要再苛責自己了。你的困惑只是源於缺乏訓練以致缺乏信心。湯姆每年七月都隨公司去打高爾夫球，他打得差，所以起初每年這個時候他總是超緊張；但四、五回以後，他就能樂在其中，因為大家都是雜牌軍。一旦脫離舒適圈，我們就會和湯姆一樣；但隨著我們習得新技能，舒適圈自然就擴大了，這是人性使然。

放輕鬆點。你只學過如何發揮專業知識協助客戶，但沒有人教過你，「這一套包準讓你吸引到新客戶」。你不會指望接手新任務的員工在從未接受過訓練的情況下業績滿分達標，所以別用不一樣的標準來判斷自己。

第5章

二號障礙：但我就是不想推銷兜售

◎忘了威利．羅曼（Willy Loman）*吧

查克．艾潘（Chuck Alpine）像消防栓一樣站得筆直，他的臉紅光滿面，就像是曾經風光一時的電視明星，或健美暨健身俱樂部企業家。他說：「我有把握在七月中的大熱天，賣一支番茄醬做的冰棒給穿戴白手套的女士；你百分之百可以確定我能完銷健身房會員資格。」

房間一片靜默。

查克置身一間小密室裡，坐在沉甸甸的會議桌主位。在他身後，一座六十公分高的金質嘯鷹像棲息在櫃檯上。他的右方牆上懸掛一幅海報，畫著一隻大象以後腿撐起身體，長鼻伸向樹上的枝葉；畫作下方題上一行字：「目標：嘗試與勝利之間僅一線之隔。」

查克在工業為主的中西部開了一系列健身俱樂部。他出生在德州，所以占地廣大這

＊譯注：威利．羅曼為一九四九年美國舞台劇《推銷員之死》（Death of a Salesman）主角。

一點不足為奇；多數據點都是舊超市改裝，擺滿幾十台跑步機，適合安裝全身性阻力訓練（TRX）這種懸掛式訓練設備，甚至還另行增闢降溫的出風管道。

他正在向振筆疾書的一對三十多歲投資人，解釋他經營二十七家連鎖俱樂部的成功之道。

「我在健身這一行長大，中學畢業以後就從德州做起，然後移到南加州。這是一門注重銷售的生意，別人不管說什麼五四三，都不是真相。ＭＢＡ會告訴你，俱樂部的經營重點在於留住會員，還說我們一年流失一半客戶，但那些都是胡說八道。這一行成功的鐵律，就是走出店門、賣出產品。」

其中一名身穿斜紋棉布褲、深藍色西裝外套的清瘦男士，抬起頭來反問：「請多說一些爭取客戶的策略。你如何教會員工有效推銷產品？」

查克瞇起眼睛回視對方。皮革般的皮膚浮起一條靜脈。

「你自己來參加競賽就知道了。我們總是會舉辦夏季競賽，所有俱樂部都會為旅遊大獎彼此較勁。我們會把場面搞得熱鬧盛大，我把最優秀的團隊帶上舞台，如果他們贏了，就會獲得一頂史戴森（Stetson）牛仔帽，也讓他們誇口說說自己是多麼身強體健的男人。不過這一招也和人性心理有關。如果有個人走進店裡，我就上前推銷，一向會帶著他們參觀俱樂部。我會介紹我們的泳池，也讓他們親眼目睹更衣室有多麼乾淨。不過，請他們走進交易區就坐之前，我會先軟化他們的態度。」

查克很喜歡自己述說的這一則故事，一抹微笑開始在他臉上漾開。他的身體向後靠，手指墊在腦後。他的頭髮閃閃發亮，看起來好像他塗了什麼保養品。

「我會問對方有什麼目標，這是整場行銷簡報裡面最重要的部分。對方想減肥嗎？是否想要為社交生活增添情趣？最近有沒有重聚聯歡會之類的活動？這麼多問題，一定有一題可以正中紅心，我就緊咬這一點強力銷售。我會銘記在腦中，以免稍後對方開始拒絕，好比說出：『這個價位超出我的預算太多了。』」

「我會說，我理解，然後全力裝出一個超感傷表情告訴對方：『我覺得妳是真心想要減肥。因為妳想要回復往日神采。妳是真的很想要重現少女背影，對嗎？』我緊咬著對方之前提到的動機──不是我的喔，是她的。一旦她把動機奉送給我，我就會用盡全力達陣。我的失敗率是零。」

他講得意氣風發，強調論述時睜大了黑溜溜的雙眼。「我總是告訴員工，你要是沒辦法賣出一套價值兩千美元的個人訓練方案給四十五歲的律師，對方不僅有個鮪魚肚，而且剛離婚，正想找新對象，那麼你根本沒有認真推銷。」

其實你遇過查克，也許不是在健身俱樂部，而是在汽車經銷商或房仲辦公室。我們周圍四處可見查克。這些查克們就是我們的第二個障礙，因為我們不想變成他。

你同意上述說法嗎？經銷處的女員工試圖讓你的荷包大失血，遊說你加購防寒包、底盤護板，你怎麼看待她？購物商場的珠寶專櫃店員，隔著玻璃檯面凝視著你說：「我們發現一道很好的經驗法則，你的訂婚戒預算應該定在三個月薪水。我不確定你賺多少，不過我想讓你看看這只一萬五千美元的公主方鑽戒。」

說實話，因為你不想變成某個人第二，聽到名字就足以讓你打退堂鼓了。

如果你和我們大多數人一樣，就會認為業務員是商業世界的底層供應者。在比較厚道的心境下，我們可能覺得他們是汽車經銷商和商場珠寶專櫃的必要之惡，但我們很快就會補充，在諮詢或專業服務這一行不需要業務員，這是因為我們自覺凌駕於業務員。我們與潛在客戶「互動」，但絕不言賣，因為銷售這件事就是在操弄人性。

我們不是唯一抱持這種觀點的產業。蓋洛普民調（Gallup Poll）每年都會調查受訪者認為哪些產業誠實、有道德，可想而知的預期結果，包括護士、藥劑師、醫師、工程師、消防員和神職人員名列前茅。落在光譜另一端的名單，則有國會議員、健康維護組織（Health Management Organization，HMO）經理，以及膝蓋想也知道的業務員。評價最低的七種職業，包括汽車業務員、保險業務員、廣告業主管和股票經紀人等。

會有這種調查結果，是因為我們大多數人都相信銷售是下述型態的技巧：

推波助瀾，讓人做出原本不會自發性去做的事。

難怪我們覺得業務員很討人厭，無法想像自己會加入他們的行列。

為什麼我們絕不願想像自己成為業務員

大多數人不喜歡「兜售」這道想法，因為它是以下三種觀感交集的結果。

我們大多數人認定銷售就是：

● **錯誤**：諮詢和專業服務供應商認為，銷售這種行為與他們對職業道德的承諾不一致。如果銷售意味著「導致別人做出若是在自行決定的情況下可能不會做的事情」，專業卻又代表「永遠都為客戶做最好打算」，那麼銷售和專業之間就存在固有衝突。

● 為什麼我們討厭做銷售

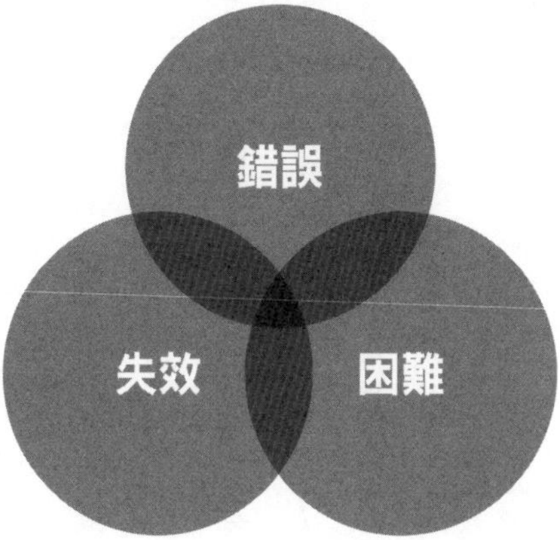

● **無效**：我們採訪的諮詢和專業服務人士幾乎都口徑一致，認為傳統的銷售技巧不適用他們的客戶。他們不像古早一九五〇年代的吸塵器業務員挨家挨戶敲門推銷，絕不會把穢物倒在潛在客戶辦公室的地毯上，好顯示自家吸塵器／數字化轉型的有效性。我們訪談珍．皮爾斯（Jane Pierce），她離開農產品貿易商亞達盟（Archer Daniels Midland）自行開創諮詢業務。她還記得業務員視她為潛在客戶打電話給她時的情境。「我連電話都不想接，我請人把關、擋掉所有這類電話。我認為如果我需要什麼東西，會自己出門去找，但我其實根本沒有時間這麼做。」

● **困難**：銷售是苦工。業務員得撥打陌生拜訪電話、敲響陌生人家門，還得承受近乎沒完沒了的拒絕。銷售根本就遠超出我們的舒適圈，我們懂會計、法律或資訊科技安全，但就是不懂如何賣出這些知識。

瑞士數學家里昂哈德．尤拉（Leonhard Euler）發明邏輯命題的工具尤拉圓（Eulerian Circles），後輩英國數學家約翰．維恩（John Venn）則進一步將各個命題變數分別以互相重疊的圓表示。不過，誰會想要生活在交集所有錯誤、無效和困難的中心點呢？西雅圖的迴旋諮詢（Slalom Consulting）業務營運總經理布萊恩．傑考森（Brian Jacobsen）就說：「我覺得每個人對銷售都有所遲疑。光是『銷售』這個字眼，就讓人覺得卡卡的。」

雪上加霜的是，我們大多數人都懷有銷售是低下工作的觀感，有失我們的格調。

我不想被稱為業務員。感覺像是精品百貨公司羅德與泰勒（Lord & Taylor）裡面身穿白衣黑裙的女士，職責是協助你選購包包。

——美國商業房產商高緯環球（Cushman and Wakefield）副總裁奧黛莉．克萊莫（Audrey Cramer）

我們被灌輸的觀念是，位階比較高的人可以管理業務員，但他們自己絕對不是業務員。多數專業人士擺盪在開發業務需求、銷售不適合諮詢與專業服務實例之間，而他們解決此番認知不一致的方法，是畫下嚴格底線排斥銷售。

歷練過麥肯錫、埃森哲的華特．希爾（Walt Shill），分享以下這一則故事：

早在道路和電力網都尚未鋪設的年代，我們在麥肯錫就從來沒用過「賣」這個動詞，甚至不曾提起「銷售」這個字眼。我們記錄各項專業費用，形成一種「客戶出現問題，我們就必須發現、理解並解決它們」的觀點；做法必須是，你打點好關係，然後展現自己解決問題的能耐。一旦客戶肯定你幫助他們解決問題了，自動就會回頭來找你。

管理諮詢業的誕生

俄亥俄州克里夫蘭市的年輕人馬文．鮑爾（Marvin Bower）是布朗大學畢業的高材生，求學期間他為了賺學費在一家律師事務所幫忙，專門替五金批發商的客戶催收帳款。他很快就意識到，本人登門拜訪倉庫，找老闆聊幾句話，比寄發辭藻華麗的催收信函管用得多。他會和對方的高階主管們圍坐桌前講道理，解釋站上法庭所需費用，以及制定付款計畫解決問題的好處。幾年後，馬文聽從父親建議，攻讀哈佛大學法學院。儘管當年入學門檻不高，但就像他最愛說的那樣，撐到畢業卻很難。「哈佛總是在當掉學生。」

他畢業後一心想加入克里夫蘭市最負盛名的眾達律師事務所（Jones, Day, Reavis and Pogue），但成績不夠出色，於是他乾脆繼續攻讀哈佛商學院，心想日後他的雙學位會讓他顯得與眾不同。事實的確如此，他一畢業就以年輕的律師助理身分加入眾達。當時，大蕭條開始蹂躪全國企業，他憑藉當年催收帳款的經驗，以及在法、商學院接受的教育，很快就被任命掌管債權人委員會，負責重組湯普森產品公司（TRW）、史都貝克公司（Studebaker）、與米德蘭鋼鐵產品公司（Midland Steel）等企業。

他發現的實情讓他驚呆了。他經手處理的十一家企業裡，有十家根本就罪不致死，只要當初執行長能夠掌握正確資訊即可逃過一劫。前線員工是親眼目睹業務真相的一群人，但恐懼與階級卻阻礙他們向上呈報事實。真正的罪魁禍首是企業文化，不是經濟局勢。

雖然馬文的職業生涯順遂，他也和創業家一樣時常遭逢外來變化，壞消息迫使他轉往不同方向。眾達宣布將減薪二五％工資，馬文和妻子坐在冰淇淋店商討大計，因為他們只負擔得起這家小店的消費水準。他們決定搬到芝加哥另謀發展，加入一家管理會計與商業分析小公司，企業名稱是麥肯錫（McKinsey & Co）。六年後，創辦人詹姆士・麥肯錫（James McKinsey）猝逝，馬文與合夥人安德魯・湯姆・科爾尼（A. Tom Kearney）決定聯手收購這家公司，改名為科爾尼公司（A.T. Kearney），聚焦協助企業客戶更妥善自我管理資訊與建議。

馬文的願景很明確：打造一家專業的公司，具備等同律師和會計師事務所的高度誠信服務客戶。對他來說，市場中存在顯著的缺口。律師事務所只針對法律事務提出建言，投資銀行家關注資本，但誰來建議最佳的企業管理之道？科爾尼公司介入填補這道空白，當今世人所知的管理諮詢業就此誕生。

一九三二年，馬文接掌麥肯錫，當時下轄十八名員工；一九六七年，他辭去執行資深董事職務時，麥肯錫總共擁有五百名員工；時至今日，員工數已經成長到超過兩萬名。

這種類型的管理諮詢業務顯然大有可為，無論從哪一方面來看，麥肯錫公司堪稱卓然成功的企業。有趣的是，儘管多年來麥肯錫穩步成長，它從不多言銷售。一九五一年，馬文在一次培訓課程中解釋：「我們的政策是，不招攬客戶或為自己的服務打廣告。但並非出自道德原因，而是因為這麼做與我們的專業手法不一致。我們不可能在為自己的服務打廣告或招攬客戶時，絕口不提必將善盡全力的隱晦承諾。但既然一開始我們就無法掌握自己究竟能做到什麼地步，這種許諾就不符合我們崇高的專業標準。」

他的這套理念滲透全公司，形成一股重要見解，也讓我們洞悉該如何調整自己的心態：銷售「專業服務」這門業務，就是絕不言賣。對馬文和麥肯錫而言，交付優質成果就是開發業務的全部。善盡分內職責，你的聲譽就會幫你拓展業務。

我們本身就是產品

我們相信在專業服務業裡，銷售這個字眼多年來會如此惹人厭，和以下事實脫不了關係：因為我們本身就是產品。我們不像兜售產品的業務員，好比販賣精密軟體給《財星》五百大企業或先進成影系統給大型醫院；我們賣的是自己，自我推銷總讓人感覺在吹牛皮或沒品味。從我們進入幼稚園的那一天起，就被教育不要當吹牛大王。

專業服務業有一道強烈、恆久的觀點——自我銷售不合時宜；自我推銷太不得體、太銅臭，也太小鼻子、小眼睛。就算不是絕大多數同業都抱持這種觀感，至少許多人在某種程度上都做如是想。

我們相信，有強烈必要更進一步理解**有效又專業的自我推銷之道**。

▼挨家挨戶的推銷員和步行者

弗利德曼在《賣上一百年：歷史上的偉大業務員如何創造奇蹟》記述快活的美國業務員生涯，他如此描述業務員隨著美國歷史演化的進程。

- **四處兜售的小販**：起初是那些渴望離開農場的年輕人，他們買下存貨，塞進包裹或繫在馬背上，走過一村又一村，拿等價物品交換梳子、剪刀，鍋具和平底鍋等任何可以一路邊走邊賣的貨色。這些早期的流動人口是不可或缺的分銷網絡，為新美國的內地城市提供實質貨物交易的服務。但是在談判過程中，這些求好心切的年輕人有時候要不是說服技巧太平淡，就是太咄咄逼人。弗利德曼告訴我們，從這一行初具雛形那時起，業務員究竟是在提供服務或圖謀自身利益，這種緊張關係就一直存在。

● **鼓手**：工業革命造就企業商旅業務員崛起，他們代表產業批發商從一個城鎮搬到另一個城鎮，大部分注意力都集中在小企業主身上，因為他們會轉手販售商品給消費者。據說雇主會要求他們賣到哪就住到哪，而且所到之處要為母公司「敲鑼打鼓」，所以他們真的就會這麼做。鼓手們塑造出一種廣為人知的形象：千杯不醉、口袋裡有講不完的笑話，而且虛假地熱烈追求一種經常性的長期銷售關係。

● **專業業務員**：十九世紀中，象牙（Ivory）肥皂、亨氏五七（Heinz 57）這些品牌商開始聘雇業務員。由於商旅型業務員有必要成為恰如其分的品牌大使，這些業界「練家子」紛紛努力改善表現，學著穿得人模人樣，收斂種種不宜在公共場所表現的滑稽動作。這支業務大軍由新設的業務經理監督，創造出許多當今我們所熟悉的語言：責任區、配額、潛在客戶、資格預審和結案。不過，業務專才漸漸失去為客戶締造價值的格調，反而聚焦各種有助特定行為的花招，這一行專業化以後順勢製造出黑暗面。弗利德曼在書中指出：

一八八〇年代，（所謂的）現金收銀機代理商明白，一般人的購買動機比較可能是因為害怕損失，而非收益承諾。業務員發現他們說服現金收銀機代理商最有成效的銷售主張，就是「可以抓內賊」……到處兜攬生意的賣書業務員發現，如果只對農夫劇透一點點而非整齣劇情，吊足對方的胃口，反而比較容易做成生意。此外，要是一般人知道隔壁鄰居或鎮上有頭有臉的人士已經購買某項產品，說服他們跟著買的機率比較高，因為他們不想被形容成沒有能力「跟鄰居比闊氣」……業務員心知肚明，如果解說時伴隨著一些看似自然的簡單手勢或作為，潛在客戶比較不會打斷他的銷售活動，好比伸手進袋子拿免費樣品，或是脫掉橡膠套鞋以期對方引領他進入室內等。這就是富勒刷具（Fuller Brush）公司在一九二〇、三〇年代的伎倆。

弗利德曼認為，業務員的發展歷程是一則「獨特的美國故事」，他主張，工業化結合美國的地理規模、信貸服務興起，刺激銷售的發展軌跡從業餘和無組織型態，過渡到高度協調和高超的銷售力。

第6章

三號障礙：今非昔比

◎銷售專業服務比以往任何時候更困難

一九七二年，約翰・貝茲（John Bates）、范恩・歐斯汀（Van O'Steen）滿懷熱情與野心，自亞利桑那大學（University of Arizona）畢業。短短兩年內，這對年輕人將揚名全國法律界，並成為法院大廳、事務所合夥人晚宴上輕聲細語的討論話題。然而，畢業那天他們行經講台時，對於自己將會撼動諮詢和專業服務世界一丁點意識都沒有。

約翰和范恩迫不及待想要離開校園，進入這個他們認為亟需法律救援的世界中實現社會變革。約翰曾獲選優秀學生，並在一九七二年的畢業典禮上代表致詞；范恩則以優異成績畢業，並曾擔任法律專刊編輯。然而，他倆不願打著績優生名號獅子大開口，沒去鳳凰城任一家聲譽卓著的律師事務所任職，反而決定加入馬里科帕郡法律扶助協會（Maricopa County Legal Aid Society），服務阮囊羞澀的客戶。約翰說：「（我們看到）許多人缺乏財務資源遭拒（於主流律師事務所門外）。」他倆十分不滿這種現象。法律專業知識只為富人所用，實在不公平。

他們決定秉照自己的信念行事，自力創辦獨立事務所致力服務窮人。約翰與范恩想要確保人人都能以合理價格獲得法律服務。他們的事務所減價處理標準的法律業務，例如無過失離婚、變更姓名、個人宣告破產與領養兒女等，目標是提供更多人更優質的法律援助，特別是那些最負擔不起的族群。他們對自己的工作充滿熱情。約翰回憶：「我們想要改變既有體系。」

新成立的貝茲與歐斯汀事務所很快就意識到，除了要挑戰他們眼中法律服務不公正的陋象之外，也得從基本上改變形塑律師事務所經營型態的主流商業模式。放眼業界，雖然大多數公司超收例行工作的費用以便維持一定利潤，約翰與范恩卻預見一門薄利多銷的生意模式，聚焦於處理尋常業務。

不過，新領域的大門並未一如他們預期般洞開。「兩年後，我們得出結論，要是再不打廣告的話，事務所就要等著關門大吉了。」約翰說。「因為我們的收費超低，所以需要更大量客戶。光是在門上掛出招牌然後等著客戶上門，完全行不通。」

一九七六年二月二十二日，他們在《亞利桑那共和報》（Arizona Republic）刊登廣告：

你需要律師嗎？
法律服務費用超合理

- 離婚或合法分居，無爭議（配偶雙方簽署文件）：一百七十五美元，外加二十美元法院遞狀費。
- 準備所有法庭文件，以及自行完成簡單無爭議離婚相關指示：一百美元。
- 收養，無爭議分離程序：二百二十五美元，外加大約十美元公告文件成本。
- 破產，非營業、無爭議程序：
  - 個人：二百五十美元，外加五十五美元法院遞狀費。
  - 妻子和丈夫：三百美元，外加一百十美元法院遞狀費。
- 變更姓名：九十五美元，外加二十美元法院遞狀費。

如有需要，亦可提供有關其他類型案件的資訊。請洽貝茲與歐斯汀事務所（Legal Clinic of Bates & O' Steen）

整體產業的反應既快速又嚴厲，苛刻譴責有如排山倒海而來。不僅打廣告這種做法業界前所未聞，更遑論白紙黑字列出費用。亞利桑那州律師協會發信通知這對年輕搭檔，協會禁止執業律師宣傳自家業務，並召喚兩人參加紀律聽證會。

貝茲與歐斯汀主張，亞利桑那州律師協會禁登廣告之舉，違反了美國憲法第一條修正案與《休曼反托拉斯法》（Sherman Antitrust Act）。律師協會知道這是一場茲事體大的聽證會。在當時，沒有專業服務公司會打廣告或積極招攬業務，因為對業界專家來說，他們的責任在於保護、提升客戶利益，而採取打廣告這種直白地為自己爭取利益的行動，會引發專家能否恪遵職責的質疑，這種做法稱不上有道德。類似的限制也出現在註冊會計師等存在高度專業的產業。

但是，產業氛圍漸漸出現變化。法院已經裁定，擁有服務義務的藥劑師可以合理宣傳藥品優惠價，因此有些人認為，這是冰山一角開始融化的跡象。全國各地的法律專家，都睜大眼睛追蹤貝茲與亞利桑那州律師協會這起案件，看看法院是否會裁定「打廣告」是一種值得保護的商業言論自由。

你駕車行駛在美國任何一座大城市的高速公路，就能一窺約翰與范恩在法庭的進展；往上眺望廣告招牌，上頭是人身傷害律師勸告我們聯繫他們「進行機密案件審查」。長島的高速公路上一塊招牌寫著：「除非我們幫你爭取到和解方案，否則一毛也不用付。」洛杉磯的高速公路上，家事法律事務所的廣告招牌則大喇喇宣告：「爭回你應得的離婚結果。」回想幾年前的影集《絕命律師》（Better Call Saul），你就知道判決結果了。

雖然這場角力賽經過幾輪你來我往較勁，上訴終告失敗。美國聯邦最高法院最終判定：「該項產業行規是用來抑制商業資訊自由流動，並使大眾保持無知。」最高法院僅以五比四的一票之差，同意約翰．貝茲與范恩．歐斯汀有權利打廣告。這道大門一開，基本上就反轉專業服務公司進入市場的方式。

服務性產業樣貌為之一轉

這樁歷史性判決顛覆了諮詢和專業服務業的基礎版塊，以往視為非法的作為現在已是司空見慣；此後，科技開始扁平化這個市場，思潮廣獲接受、傳播的速度加快，而且諮詢和專業服務提供商的數量開始爆發性成長，打亂了諮詢和專業服務整體市場，也讓銷售服務的難度升高。我們全都感同身受，想要搶占一席之地似乎變得更困難了。

儘管重覆性質的業務和轉介仍然為許多公司提供重要的全新潛在客戶的來源，而且多半還是最重要的管道，但這種做法本身已經不足以維持成長。在往日幸福美好的口耳相傳轉介時代，產業競爭較少，動盪也沒那麼激烈，許多專業服務公司不像企業一般經營，反倒像是鄉村俱樂部；回覆來電差不多就是他們蒐集潛在客戶資料的所有途徑。時代當然已是今非昔比。

——《專業服務業行銷術（Professional Services Marketing，暫譯）》
共同作者麥克．舒茲（Mike Schultz）、約翰．E．杜爾（John E. Doerr）
與李．W．菲德列克森（Lee W. Frederiksen）

具體而言，以下四大趨勢使得銷售諮詢和專業服務更加困難。

打廣告的禁令走入墳墓

首先，貝茲與歐斯汀這樁案件徹底顛覆諮詢和專業服務進入市場的傳統，這種說法一點也不為過。在這道裁決問世之前，諮詢和專業服務的行銷只發生在人脈連繫或下班後一起喝幾杯的過程中。因為這個圈子是封閉式市場，所以能確保價格定在相對高水位，而且各家行情一致，也就是一種魚幫水、水幫魚的系統。這個套路被約翰與范恩破壞殆盡，時至今日，每一名會計師、建築師、律師和網站開發者，都會架設專屬網站、打廣告，想著要如何行銷並開發客戶；而且整體來說，大家在思考與釐清爭取新客戶的流程與價格需求時，也不再會感到很不好意思。

這些事都需要資源。舉例來說，架設網站如今已經是入場必備的籌碼，也就是新業務之所需，不再只是選項之一。行銷策略已經成為一場軍火較勁的戰爭，想在業界走跳意味著要跟得上競爭對手的步伐；無意中聽到高階主管討論其他業者策略的情況並不少見。「我聽說他們正在大量製作白皮書。我想我們也應該跟進。」「他們請到英國前首相大衛．卡麥隆（David Cameron）在自家會議上演說。那我們該請誰？」「你應該看得到，他們在社群媒體上鋪天蓋地，我們卻連一個推特帳號都沒有。」

世界是平的

科技正在扁平化各個市場，無論我們置身何處，電話、會議、電子郵件、協作和上網瀏覽的強大能力，都讓公司可以跨越地域限制，把世界最頂尖的專家投入到任何地區的市場。這是劃時代的變革，科技連結了我們每個人，讓全世界的專業知識淨水準成比例地上升。

我們就將市場扁平化稱為專業知識全球化好了，這股趨勢正是一道絕佳商機。美國威斯康辛州麥迪遜市、佛蒙特州伯靈頓市、蒙大拿州波茲曼市、北卡羅萊納州艾許維爾市、緬因州波特蘭市與肯塔基州路易維爾市等地，全是個體從業者、精品型企業的所在地，但它們照樣可以在全國、全球做生意。最精通連鎖經營體系加盟店家的會計師，是在愛荷華州首府德梅因市；最擅於處理服務業員工持股計畫（Employee Stock Ownership Plan）的律師，是在加州聖塔羅莎市；最頂尖的戶外產品電子商務網站開發者，則住在科羅拉多州大章克申市。

從客戶視角來看，專家置身哪裡並沒有任何區別，反正電話會議不管在哪裡都可以開。事實上，諮詢或專業服務提供商住在人才濟濟的地區，反倒變成一道優勢，因為他們唾手可得經驗豐富的人才、最新穎的想法與創新。舉例來說，法國土魯斯市的航空專業、丹麥哥本哈根市的清潔技術顧問，以及加州納帕谷的葡萄酒生產知識，分別在全球占有一席之地。

不過，挑戰伴隨著專業知識全球化而來。市場越大（雜音越多），買、賣雙方就越難找到彼此。

如果你住在一個五千名居民的小鎮，就會認識經營當地房地產的三名經紀商。你會在超市巧遇他們，其中一名的兒女和你的小孩一起踢足球，另一名知道你先生在鎮議會服務。你也會知道，三者之一的主要業務是商業建物，所以你知道打算求售自宅時應該要找誰，看上鎮中心一棟建物時又要找誰幫忙議價。在這等規模的市場中，資訊流動十分有效率，買、賣雙方認識彼此，沒有障礙阻止他們交易；同理，市場中的房地產買家知道所有物件條列在哪裡，取得資訊易如反掌。

另一方面，紐約的房地產市場效率可能差了點。舉例來說，布朗克斯區購物中心的一名賣家可能不知道誰才是最會銷售這類物件的房產仲介；她可能認識一大堆專攻住宅的房產經紀人，但他們不善於拿捏兜售購物中心的眉角。其中一名賺介紹費的住宅房屋仲介，可能會推薦威徹斯特區的商業房仲，但那位仁兄卻又不熟悉布朗克斯區的行情。我們的賣家幾番尋尋覓覓後，很可能還是會找到絕對是布朗克斯區購物中心的最佳房仲代表，但找不到的機率也有五成。

我們對效率低下造成的影響全都感同身受。湯姆最近在紐約與一支經營地區市場的資訊科技顧問管理團隊共桌討論，這家公司在許多城市做得有聲有色，現在正前進曼哈頓插旗。他們在俗稱熨斗大廈的福勒大樓（Flatiron Building）附近租下時髦的辦公室，把外牆當成廣告看板裝潢，宣告網站成立，看似遺世獨立地望向天際。但突然之間，在紐約這顆大蘋果精華區打造新事業灘頭堡的點子，似乎令人望之卻步。紐約真的很大，創辦新事業時很難搞清楚應該選在哪裡起步。這家集團知道自己可以填補某個利基市場，但根本沒有半個潛在客戶知道它們存在。它們的新市場整整有一千二百萬人，帶來高度複雜性，就像是一具掛在脖子上的重錨。

短命如螢火蟲的想法

短命如螢火蟲的想法，是指那種足以照亮斗室但瞬間即逝的點子，好比大數據、全面品質管理與物聯網等。管理顧問最愛玩的一招，就是提問：「你目前是怎麼進行資料視覺化？」但他心知肚明你壓根什麼也沒進行，如果你根本聽不懂他在問什麼，那就更正中下懷了。你張口結舌給不出有力回答，正好給了對方一個做差距分析的機會。他們會問：「你何不先填好這份問卷？」然後你的答案就神奇地轉移到專案提案裡。

這已非新鮮事，但事實證明，科技正加速縮短這類點子的生命週期。美國路易斯安那州立大學拉法葉分校的研究員，深入調查管理諮詢業曾風行一時的十六道概念，他們使用的稱呼是「時尚」，結果發現它們走紅的時限正在縮短中。一九五〇、一九六〇與一九七〇年代，管理理念時興十年以上；到了一九九〇年代，已經撐不到三年；至今，管理風潮充其量只能流行十二或十八個月。

如果你的想法就是產品，而且它的賞味期越來越短，你的行銷活動就會以相同的速度跟著走味。如此一來，你就更難讓搶市策略與時俱進，遑論這一環節還涉及重塑自我以彰顯重大意義。以前你還可以臨時抱佛腳，靠一個好點子翻身；如今你得三不五時重塑自己。

入場的玩家更多

高價格、高毛利與專家服務息息相關，好比人資顧問時薪二百五十美元，但人力資源助理教授時薪才四十美元，導致諮詢和專業服務供應增加。教授群正進軍諮詢產業，而且自願加入的人數創新紀錄。畢竟，薪水優渥得多，何必跟錢過不去呢？

與此同時，企業自己正招聘更多諮詢和專業服務提供商，除因它們的商業模式轉變，從製造業移向服務業，也因它們開始採納所謂的彈性勞力，即倚賴比較容易終止合作的承包商。這道概念首見於一九六六年公共政策專家華倫．威特奇（Warren Wittreich）投書《哈佛商業評論》的專文，自此這股趨勢就加速壯大。

「近年來，管理階層購買專業服務的案件明顯增加，諮詢活動在為數甚多的領域中歷歷可見，包括金融、經濟、公共關係、廣告、法律、人事、研究等。基於相同理由，販售所需服務的業者也顯著成長。」

——華倫．J．威特奇〈如何購買／銷售專業服務〉，《哈佛商業評論》，

一九六六年三月／四月號

近百年來，美國執業律師人數占總人口數比相對穩定，但光是一九七〇年代至今，執業律師人數占總人口數比就激增兩倍多。同理，整體服務產業近七十五年蒸蒸日上，比起製造業尤為如此，兩者的就業榮枯從一九六〇年代就開始擴大。「服務業」的定義不只是諮詢和專業服務，也涵蓋清洗外牆窗戶這種低階技能的工作，但我們認為，諮詢和專業服務強勢崛起與整體服務業成長密切相關的說法毫無不妥。這種發展意味著，有一大票人正和你一起搶客戶。

▼規模優勢之死

安達信（Arthur Andersen）原是一家歷史悠久的會計師事務所，打著「全員一體」（one firm）的旗幟行走江湖，直到二〇〇二年被當時的能源龍頭安隆（Enron）公司假帳醜聞拖下水終至滅頂。安達信從未收購競爭企業，也從不雇用潛力雄厚新鮮人以外的對象，這意味著世界各地的「安達信人」都是在伊利諾州的總部受雇、訓練並培養，即距離芝加哥約六十四公里的聖查爾斯市。不過，身為安達信人不但說著相同語言、享有平行經驗與相近的世界觀，更擁有召喚世界各地任一位合夥人貢獻大腦的能力，因為對甲合夥人有好處的事，對置身倫敦或雪梨的其他合夥人亦然。在業界，這家龐大的「全員一體」企業享有規模優勢，安達信能夠可靠地競標一樁重要的跨國性全球審計工程，而且對於自家配置的員工與專業相當有自信，無論團隊成員背景為何，都能全體一致朝著同一道方向前進。

然而，在諮詢和專業服務這一行裡，規模這個角色已經越來越沒有舞台了。聘雇跨國企業等級的律師來幫你談判雇傭合約，這確實是一道優勢；倘若你被調職到南非約翰尼斯堡，他們也會知道當地的雇傭法規。不過，若有一家超擅長利基路線、具備犀利專業的供應商登場，無論他們是大企業或窩在客房內工作的自營業者，那種優勢很可能被取代。這項弱點再加上諮詢和專業服務公司的准入門檻正在下降的事實，代表龐大規模不必然可以催生競爭優勢。

科技進步消弭掉律師事務所必須在法院旁邊租下市中心昂貴空間的必要性，與此同時，它也淘汰企業內部設立法律圖書館、法規更新的需求；現在連培訓作業，都可以和歸檔、計費、案例融資、時間追蹤及法律遵循業務一樣外包。以前，大型律師事務所一定會有胡桃木裝潢的會議室，這樣才能象徵自身能力高超，有辦法引進成功起訴案件所需的必要資源；如今它可能只被視為浮報開銷的跡象。

第7章

四號障礙：洶湧而至的爛建議

◎你所知道的「銷售說」全是謬誤

即使我們從未正式上過銷售課程，但經由潛移默化吸收到的相關知識比自己以為的多。它是美國流行文化的一部分，體現在近幾個世代的書籍、戲劇和電影中，好比《大亨遊戲》（Glengarry Glen Ross）、《推銷員之死》（Death of a Salesman）、《華爾街之狼》（The Wolf of Wall Street）、《黑心交易員的告白》（Margin Call）等。這種現象就是個問題。

我們所有人都在尋覓一道更適切的方式和潛在客戶搭起關係的橋梁，其間所面臨的四號障礙，便是每每談及諮詢和專業服務方面，我們的銷售觀往往錯誤百出。所以，我們在成為造雨人過程中的最大挑戰，實際上可能是要怎麼忘記過往的所知所學。

傳統的銷售培訓方式

以產品為中心的公司會教育業務員，銷售過程好比漏斗。上頭開口最大的部分代表潛在客戶群，一般相信他們準備購買我們的產品。所有列入可能成功銷售的客戶名單，都會被親身拜訪、電話或電郵在內的行動一一檢視，然後剔除無感的對象；通過資格預審的群體，則歸入商機一類。這種資格預審做法會縮減潛在客戶的數量，以期竭力推銷終至成功結案。

這個漏斗有幾十或幾百種變化，但中心思想始終不變：銷售只是基於簡易計算的數字遊戲。

● 傳統的銷售漏斗

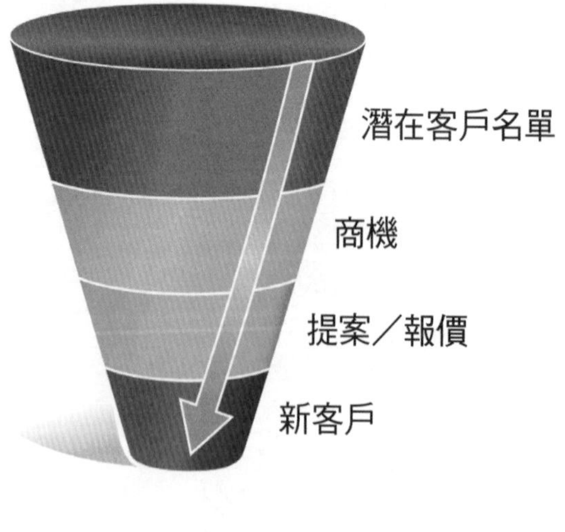

潛在客戶名單的數量×轉化率＝新客戶數量

許多銷售組織看待銷售幾乎就像是一道製造流程，也採納類似的管理手法，即參照內部指標、報告和會議。如果潛在客戶對產品的需求量龐大，這種銷售漏斗手法或許管用；但要是你本身便代表信用財，而且你希望服務的圈子總共也就這麼幾十家業者，這一招就可能失靈。我們銷售諮詢或專業服務時，目標並不是找到潛在客戶，然後像生產玉米穀片般處置他們，而是要找到正確的群體，並做好長期服務的定位。

漏斗如何看待收益這門科學

我們管理自己或他人的銷售狀況時，根據傳統的銷售漏斗理論，每一步都要衡量收益。假設一百位潛在客戶可以產出二〇％的初次造訪機會，商談後可能有一半成為值得提案的商機，最終做成兩樁交易，你的收益率就是二％。這道計算真的有夠簡單，箇中絕竅就是長期追蹤並改進收益率。

這道觀念帶來下一堂課：如何教導業務員販售從裝滿鐵路貨櫃的煤炭到導彈防禦系統的

所有產品，也就是從第一步邁向第二步的戰術技巧。倘若持續精進的策略，讓你將初次拜會比率從二〇%提高到三〇%，你就可以新增第三名客戶。到這裡仍然是簡單的數學題。

那麼問題來了（這同時是銷售培訓師賺錢之秘）：你要怎麼提高收益率？假設你曾經待過軟體、硬體、大宗商品、消費性產品或專業代工銷售領域，可能聽說過尼爾・瑞克門（Neil Rackham）探討諮詢式銷售所著的《銷售巨人：教你如何接到大訂單》（SPIN selling），其實伎倆大同小異；銷售諮詢培訓商米勒與海曼（Miller Heiman）出版的《策略性銷售》（Strategic Selling），兩位作者離開IBM，共同創辦以各自姓氏為名的公司；麥可・伯斯沃司（Mike Bosworth）撰寫的《贏在成交！：掌握潛在客戶，締造百分百銷售佳績》（Solution Selling），主要是闡述全錄（Xerox）成功推廣需求滿意銷售術（Needs Satisfaction Selling）；或企業執行委員會公司（Corporate Executive Board）出版的《挑戰顧客，就能成交：讓顧客不只說ＹＥＳ，還充滿感激的Ｂ２Ｂ銷售術》（The Challenger Sale: Taking Control of the Customer Conversation）。

所有上述手法，都聚焦從漏斗的上層移動到下層，通常是指從拜會到結案，目標當然就是提高收益率。此外，正如稍後我們會討論的一系列銷售技巧，雖然它們可能有助銷售大眾市場的消費性產品，但完全無助銷售諮詢和專業服務；事實上，它們對我們的銷售更可能是弊大於利。

▼「結案」技巧的暗黑大展

編劇大衛．馬密（David Mamet）向來傾心於經典畫面：冷咖啡，菸灰霧瀰漫不去，叫賣攤位隨處可見。他在電影《大亨遊戲》中構想出一處場景，主角之一亞歷．鮑德溫（Alec Baldwin）扮演出身鬧區的金牌業務員，他進入一處銷售疲軟的房地產營運據點，打算撼動這個沉睡的市場。他對著那些疲憊不振的男人說，他們的工作就是叫賣，「因為這一生你只有一件事稱得上重要：讓客人在畫點點虛線的地方簽上大名」。他還說這件事簡單得很。「他們就坐在那裡等著把錢奉上。你要拿嗎？」

箇中秘訣是什麼？答案只有五個字：一定要結案（Always be closing）。

以下列出一張「已經驗證的結案技巧」清單。這不是我們自己杜撰的條目，摘自www.changingminds.org。或許你聽過其中幾則，甚至可能有人上回買車時就體驗過了。

- 替代結案法：提供一些有限選擇。
- 我得問問經理結案法：推出經理當作擋箭牌。
- 假設性結案法：佯裝準備做出決定似的。

- 資產負債表結案法：加入利弊分析。
- 最佳時點結案法：強調當下是千載難逢的最佳購買時機。
- 獎金結案法，提供更讓人開心的條件以便達成交易。
- 支架結案法：提出三項優惠，但目標定於中間那一項。
- 計算機結案法：拿出計算機當場算折扣。
- 日曆結案法：將案子記入日誌裡。
- 伴侶結案法：乾脆轉向對方周遭親近人士銷售。
- 讚美結案法：灌迷湯直到對方點頭同意。
- 讓步結案法：提供對方某些特許權以換取結案。
- 附帶條件結案法：提議解決缺失以便結案。
- 擁有權成本結案法：比較長期以來競爭對手的成本。
- 客戶服務結案法：客戶服務經理稍後致電並重啟討論。
- 每日成本結案法：降低每日成本。
- 尷尬結案法：讓對方覺得不買會很不好意思。
- 獨家結案法：不是人人買得到。

- 瑕疵品結案法：商品稍有瑕疵，所以便宜拋售。
- 換手結案法：讓其他人經手結案。
- 握手結案法：主動伸手開啟自主性互動模式。
- 催趕結案法：快刀斬亂麻，不讓對方有時間多想。
- 高智商結案法：誇口這項產品只有聰明人才懂。
- 次要重點結案法：先做成幾樁小生意。
- 現在不買、以後沒得買結案法：催促對方快點決定。
- 機會成本結案法：讓對方知道不買的代價有多高。
- 所有權結案法：講得好像他們已經擁有你推銷的產品似的。
- 價格承諾結案法：承諾達成任何其他價格要求。
- 要求結案法：白紙黑字寫下對方視為正式要求的期望。
- 逆轉結案法：演得好像你根本不想要對方購買某項產品似的。

銷售經理曠日費時地追逐結案技巧的聖杯，以便提升自家團隊帶回公司的收入，但我們認為，強調技巧實為失焦之舉。

完美推銷術的神話

道格的好友服務於一家成功的中型管理諮詢公司，某個週五下班後，他倆一起去喝一杯，好友分享自家資深合夥人的銷售觀。「這一切都只與銷售技倆有關。你得『釣中』他們，如果你拿不出吸睛的銷售術，那就等死吧。」要是潛在客戶沒有立即「緊咬住」他的強力推銷話術，這位資深合夥人的反應就是：「去他們的！如果他們蠢到看不見我們家提案的價值，那就是一群白痴。我才不想和他們共事。」

如何請君入甕、敲定交易，兩者都取決於上一段故事所強調的，你的推銷技巧有多高明。要是你去參加一場銷售培訓課程，就會發現自己花費大量時間思考、練習這一類狡詐的策略。

其間的思路如下：如果你可以探查到更優質的潛在客戶，提出更漂亮的話術、更精明地談判，並且更順利地結案，那就會贏得更多業務。不過，諮詢和專業服務的典型銷售做法，並不適用這種邏輯。我們相信倘若我們參照機上雜誌建議，報名參加某一堂談判課程，就會更懂得買房或買車的技巧。但事實上，「敲定」一樁諮詢或專業服務生意所必需的信賴或尊重，未必與談判大師的絕技有關，這種做法甚至可能適得其反。就定義來說，良好的客戶關係並不是建立在交易基礎上，而是基於長期的信賴基礎。

「更適合的性格」銷售法有其極限

銷售培訓師還會討論擦亮個人技巧的做法，我們稱之為「更適合的性格」銷售法。這最早是一九三〇年代卡內基推廣的概念，首見於瘋狂熱賣的《如何贏取友誼與影響他人》（How to Win Friends and Influence People）。卡內基手法的核心可以歸結為一句話：若你改變自己對待他人的方式，就可能改變對方的行為。這本書在封面就承諾會解答以下三道問題：

一、讓別人喜歡你的六大招數是什麼？
二、說服別人像你一樣思考的十二種方式是什麼？
三、在不冒犯或引起埋怨的情況下，改變他人的九大做法是什麼？

擁有一副好脾氣本身當然並非壞事，問題在於進入諮詢和專業服務的從業者，多半已經磨光原本個性中粗糙的稜角。當他們完成法學院或頂尖企管碩士學位，或是晉升成為合夥人之際，多數人不缺人際交往能力。我這麼說不是在暗示完全沒有人從豐沛的謙遜或同理心受益，但總的來說，這一點不是限制因子。

討人喜歡當然不是壞事，但通常也不是購買信任財的決策過程中最重要部分。論及諮詢和專業服務業的購買決策，大多數是尊重專業勝過個人魅力。你會常聽到有人說，「客戶聘雇他們喜歡的對象」，但我們對此不完全埋單。倘若你正在尋覓頂尖的破產法律師，你會比較關注他們能否保護你的資產，還是在乎一起喝酒時表現得幽默風趣？

為什麼這套模式放在諮詢和專業服務業就不管用

我們的核心信念之一是諮詢和專業服務業的選購產品方式大不相同，亦即它們的賣點是聲譽、推薦和關係，不是具體物品或屬性。它們是信任財，這意味著非得要買下它們才知道有何優點；買方非得要信仰堅定不可，而且打造這份信仰費時良久。

儘管如此，套用漏斗理論的誘惑在於，假裝購買專家提供的專業意見就像大量採購豬肚，因此我們可以使用同一套漏斗典範、按部就班的銷售流程收服潛在買家。

但事實並非如此。原因如下。

①漏斗假定，潛在客戶永無告罄之日

倘若你正在銷售會計軟體，對象是年營收最多五千萬美元的小型企業，你可以非常肯定全球這等規模的客戶多到你一輩子都賣不完。另一方面，你若是販售預測分析軟體，對象是全美七千家社區型、區域型和超級地區型的銀行，最好你夠明智，不會在這個相對小得多的池子裡胡扯瞎搞只求成交。對了，順帶說明，這等規模的銀行數量僅為五十年前的一半而已。如果你為年營收超過十億美元的再保險商針對已收保費設計貨幣避險策略，這等規模的潛在客戶共有三十七家。

你可能會覺得，市場區分得太細微很難服務，但這樣想就大錯特錯了。成千上萬名顧問和專業服務從業者「擁有」相近的細微區隔，會客製深具優勢的服務壟斷它，並因為提供專業知識獲取豐厚報酬。最極致的代表就是會計界的「四大天王」，它們的審計部門專心致志服務《財星》五百大企業，各占約莫四分之一市場，即一百二十五名客戶，每多搶十家都是關鍵勝利。

②漏斗假定，潛在客戶的有效期限都很短

你若閱讀產品業務員的銷售培訓建議，就會知道你得學會橋牌高手讀懂對手心思的功

夫，摸清楚潛在客戶的心意。你近距離觀察潛在客戶說了些什麼，便可據此決定他們是不是買家；其反對有沒有機會說服；所謂的反對是不是為了掩蓋「真正」反對原因的煙霧彈；或者根本代表「不要」。若是後者，最好的做法就是就此放手，繼續前進，沒必要在不打算購買的潛在客戶身上浪費時間。

但是我們諮詢和專業服務業這一行不會這麼做。我們曾和「四大天王」的某一家客戶同桌暢談，由幾位最會為公司帶來利益的造雨人分享他們提供年輕專業人士的建議。其中一位資深合夥人說：

年輕時要一邊和旁人打交道、一邊交朋友，因為你在客戶公司裡結識的對象會日益茁壯，可能終有一天成為決策者。切記要保持聯絡。

這是一套截然不同的觀點，即將潛在客戶視為一段足以長期培養的關係。當《黑心交易員的告白》裡那名「財務顧問」翻閱電話簿、隨機撥號推銷手中的水餃股時，他不會在打完一輪以後重頭來過，反而像是優游海中的鯊魚，從不停留、不曾猶豫，總是游來游去尋找新獵物。這種做法或許很適合兜售健身房會員資格的業務員，但不適合我們用來和新客戶搏感情。在諮詢和專業服務業，成功的業務開發比較像是農夫深耕四十英畝田地，小心翼翼地處理每一道關係，深知如果這些關係打點得宜，一輩子不愁吃穿。

③漏斗假定，你若能計算就該這麼做

這就好比某一名在路燈下尋找丟失鑰匙的醉漢，要是有人問起為何只看周遭一小塊區域，會聽到對方說：「因為只有在這裡我才看得見。」決策者在盤算收益後產生這種不言自明的選擇，純粹是因為存在某種可以計算出來的數據。

比較妥善的計算方式，或許不是評估有多少商機足以轉化成專案，而是：就實際、心靈與社交層面而言，你能夠多深入地與一位在某一場會議有過一面之緣的關鍵核心高層主管連結？這種做法不像「你根據手上掌握的潛在客戶名單，能夠排定拜會行程的機率有多高？」這麼容易，但長期下來，它可能與每一名諮詢顧問帶進的收入更緊密連結。

④漏斗無法體現推薦的成效

為客戶善盡分內職責；長期保持聯繫；每逢有機會造訪所在地便相約喝咖啡、聊是非；即使不再合作也能提供幫助。以上都是足以深化、保持雙方關係的做法，也是正面口碑得以穩坐的寶座。

有一次你遇到一個認識你嫂子的對象，然後你發信告訴嫂子，說你巧遇她的朋友。她因此想起，不久前才知道寶貝兒子的足球教練是大你兩屆的校友。下一個週六練習時，你剛好路過，她順勢介紹你倆認識。你和對方聊了幾句，但他有事提早離開，說是要去新加坡開會發言。之後你打開手機瀏覽他的領英（LinkedIn）頁面，結果發現他的演說主題是數位科技正為智慧財產權管理領域帶來轉型。

其實你才剛收到普衡（Paul Hastings）律師事務所寄發的郵件通知，說他們放棄智財產權業務，你得尋找新的智財產權律師。你立馬咻地發信請足球教練推薦人選，他說他認識一位離開大公司的優秀自營業者。十分鐘後他回信說，他坐在登機門等候時瀏覽你的領英頁面，知道你確實和製造業者合作外包設備管理。他有一家企業客戶剛換執行長，最近正討論要聚焦核心能力。你是否同意他介紹你給那位製造業的大當家認識？

原本只是你在足球場上認識的對象，最終竟然變成一段關係的介紹人。事實就是如此：你認識的每一位新客戶都可能有一段漫長不著邊際的對話，卻有機會帶出一個意外的結局。以漏斗為主的典型銷售模式，無法體現這段曲折。

⑤漏斗假定，客戶的購買過程是線性發展

漏斗假定你會先有意識，然後才發現興趣和欲望，最終催化行動。這就是大學行銷課程中探討客戶參與的意識—興趣—欲望—行動（AIDA）模式。不過，要是你不小心從潛在客戶的反應中發現欲望，好比有個你在週五夜晚的雞尾酒派對上認識的朋友，提起自己正在尋找網站設計師，那該怎麼辦？

很可能你會這樣接話：「我就是網站設計師（即意識）。」你在為他設計網站（即行動）過程中移除一塊大石頭，結果解決他真正的問題；原來他不是真的有必要架設網站，而是需要策略聚焦（即興趣）。諮詢和專業服務提供者所打造的關係，幾乎從來就不是連續展開，反而比較像是吉他的和弦。你非得在第二段演奏G和弦、在第十二段演奏D7和弦，才能譜出曲子嗎？當然不用。雖然這麼做也是無妨，但是你也可能先演奏G，最終仍能譜出一首漂亮的作品。

⑥漏斗讓「超級業務員」的迷思永垂不朽

有些人聚焦拜會與銷售的技巧，這種做法似乎暗示著有些人擅長某種特殊方式，能讓目標對象的情感屈服於理智。他們就像是作家喬治・杜・莫里埃（George Du Maurier）的小說

《呢帽》（Trilby）主角史凡傑利（Svengali），能夠主宰、操縱實驗對象，並驅使他們做出自身意志可能不會選擇的結果。這種假設不僅令人毛骨悚然，更與我們的經驗背道而馳。

首先，那些被教育要擅長與他人打成一片的業務員，通常會落人口實，得到不真誠、油嘴滑舌或虛情假意的評價；我們稱之為畫虎不成反類犬。其次，我們都明白所謂專家會讓人望之生畏，但登門求教人龍不斷。在諮詢和專業服務領域，真材實料舉足輕重，名副其實的重量級專家不必然得是魅力四射的人物。如果他們真是大好人，的確有加分，但不必要非得當個大好人不可。

為什麼客戶會買單的
七大要素

第8章 販售之秘

◎絕不言賣

我其實不認為你可以販賣專業服務。我想你該做的是協助客戶購買專業服務。客戶會遇到問題，需要有人從旁協助，以便發現、理解並解決它們。一旦別人明白你確實協助他們解決問題，他們就會回頭來找你。

——華特．席爾，曾服務麥肯錫與埃森哲

二〇一五年五月二十一日星期四上午八點十五分，席薇雅．珊納蒂（Sylvia Senaldi）發給彼得．泰爾（Dr. Peter Tyre）博士一封電子郵件：

彼得，在此介紹你認識麥克．席爾茲（Mac Shields）。麥克前一陣子聽過你的演說，想問問你是否願意一起喝杯咖啡。

麥克是我的老朋友與商業夥伴，而且很聰明。他幫我開發上市商業策略，做得很出色。接下來就讓你們倆自行討論囉！

席薇雅

從我的iPhone發送

麥克曾在前一週的商業研討會上聽過彼得發言。以前他從未聽聞過彼得的雷射光達（LiDAR，基本上就是用光波取代原本用來偵測和定距的無線電波）技術公司，但是聽完後發現它非常吸引人；此外，彼得在演說過程中講了一句話，讓麥克的耳朵都豎了起來：彼得正在努力為自家技術找到可以商業化的機會。麥克真心覺得他有可能幫助彼得解決這個商業問題。

但麥克之前從未見過彼得。他上領英搜尋他的背景資料，看到彼得和他認識二十年的朋友席薇雅互為好友。於是他問席薇雅是否願意介紹他們認識。她慷慨答允。

同一天上午幾個小時過後，彼得就回覆了：

——原始訊息——

寄件者：彼得．泰爾 [mailto: tyre@peakphotonics.com]

日期：二〇一五年五月二十一日　星期四　上午一〇：五二

收件者：席薇雅．珊納蒂；麥克．席爾茲

主旨：回覆：介紹

席薇雅，謝謝引見。

麥克，我很樂意和你碰面。我正在出差，下週二才回到辦公室。你下週五之前有空檔嗎？

祝安，

彼得

彼得．泰爾博士

執行長

峰光公司（Peak Photonics, Inc）。

麥克承認他從來就不擅長陌生拜訪。實際上，他很討厭這種做法；多數人也一樣，堪比對高度、蜘蛛與當眾演說的恐懼程度。不過，如果麥克真的很想要認識某個人，他會很樂意與他人聯繫；如果剛好中間有個共同朋友或事物，那就更有幫助了。聯絡人可以讓對外聯繫看起來自然、真誠和真實，好比他對彼得的公司真心感興趣，又剛好有個共同朋友席薇雅。在這種情況下，他的做法就不會像陌生拜訪那麼突兀，也不像新增聯絡人那般膚淺，反而比較像結交新朋友。

席薇雅的電郵介紹非比尋常，就算麥克自己動手也寫不出更好的腳本。像這樣熱情洋溢的客戶介紹，往往能立於不敗之地。紮實的介紹可以提高首度面談的機率。

同一天上午稍晚，麥克就回覆席薇雅與彼得。

——原始訊息——

寄件者：麥克．席爾茲 [mailto: mac@shieldsassociates.net]

日期：二〇一五年五月二十一日　星期四　上午一一:一一

收件者：彼得．泰爾；席薇雅．珊納蒂
主旨：回覆：介紹

席薇雅，沒錯，謝謝引見。在此把妳挪到密件副本欄。

彼得，你好：

我很喜歡星期一你在商家午餐會（B2B Luncheon）的演說，也稍微理解峰光公司。我不知道奧斯汀這裡是光學公司群聚地。之前我知道有零星幾家，但不如當今的規模。

我想找你喝杯咖啡，除了自我介紹，也更進一步了解峰光。要不然這樣吧，如果我們約在你的辦公室比較方便的話，請讓我知道。下週四上午八點半可以嗎？

謝謝，

麥克．席爾茲

席爾茲事務所（Shields Associates, LLC）創辦人

mac@shieldsassociates.net
www.linkedin.com/in/mshields
www.shieldsassociates.net

二〇一五年整個夏天，麥克和彼得建立起專業的友誼。他們每個月安排一場咖啡會，不訂定實質議程，多半在討論峰光的技術和產業走向。麥克是真心對彼得的技術和產業感到好奇，身為物理博士的彼得則是熱切渴望借用麥克的大腦，理解各種商業主題。彼得開誠布公，談起他為自家技術尋找吸睛的商業機會時面臨的諸多挑戰，麥克則分享一些他認為切題的想法，還會寄發一些他認為可能有價值的文章、書籍供參。

約莫六個月、開過六次會議以後，彼得問麥克是否願意協助他完成一項專案，他需要有人幫他開發一套分析新市場商機的架構。麥克恰好在這個領域具備廣泛的專業知識，而且也認為這道主題很有趣，他覺得和彼得共事將是一次良好的協作經驗。麥克為這項專案寫了一套提案，概述他的做法、時間表和費用。彼得同意了，於是那年秋天兩人開始合作。他們的第一套專案完工後，隔年，麥克協助峰光分析第二道新興市場機會。

絕不言賣

當我們與希望服務的對象聯繫時，無論用什麼委婉字眼描述其間過程，諸如開發業務、客戶開發或銷售與行銷，到頭來我們都需要找到客戶才能執行專業。

雖然許多專業人士避用「銷售」兩字，顯然還是得卯足全力才能贏得客戶。我們知道自己不喜歡銷售，但也知道守株待兔不在選項之內。伊莉莎白・哈斯・伊德善（Elizabeth Haas Edersheim）為馬文・鮑爾立傳，她如此描述：

（他）任職麥肯錫期間不遺餘力為這家企業樹立聲譽。一九三九年，他撰寫數篇文章，論述美國企業當時正苦於應付組織結構和財務問題；他出席十多家專業機構發表演說，和許多潛在客戶打高爾夫球，把握每一次與企業高階管理層共進午餐的機會，並鼓勵麥肯錫每一名員工有樣學樣。

就傳統意義來看，這種做法或許稱不上銷售，但鮑爾肯定不是枯坐辦公室等電話鈴響。我們要理解這種做法和銷售之間的關係，也釐清自身為何對這兩個字所代表的一切意義感到厭惡。我們需要一套全新架構，它得合乎「我們必須耕耘客戶網絡以便提供協助」這層道理——這時候，設計思維這門新學科便派上用場。

以設計思維思考業務開發

二十年來，大眾對設計領域的興趣捲土重來，很大程度得歸功蘋果（Apple）優雅、簡約的產品設計大獲成功，幕後功臣是創辦人史帝夫・賈伯斯（Steve Jobs）力捧的強尼・艾夫（Jony Ive）。前諾貝爾經濟學獎得主賀伯特・A・賽門（Herbert A. Simon）在一九六九年出版的經典著作《人工科學》（The Sciences of the Artificial）中首次探討，設計即為科學所謂「思考方式」的概念，自此設計思維便成為描述設計師心態的普遍說法。

根據丹麥設計智庫互動設計基金會（Interaction Design Foundation）共同創辦人之一所述：

> 設計思維是一種設計方法論，提供一套基於解方的做法以利解決問題。它十分有助於處理難以定義或模糊不清的複雜問題，因為它從理解其間的人性需求、以人為本出發，重新架

構問題。

——互動設計基金會共同創辦人之一瑞奇．丹姆（Rikki Dam）

幾十年來，設計思維在設計領域屹立不搖。從一九九〇年代初期開始，設計領域中其他人觀察到，這道方法可以套用在更廣泛的背景以利解決問題，其中又以大衛．凱利（David Kelley）最不遺餘力應用設計思維解決業務問題的挑戰，因而發揮莫大影響力。

凱利在設計界的地位堪比音樂界的搖滾巨星，同時共同創辦全球創新與諮詢龍頭ＩＤＥＯ（總部位於加州帕洛奧圖市）、史丹佛大學普拉特納設計學院（Hasso Plattner Institute of Design，一般簡稱設計學院[d.school]）。大衛在卡內基美隆大學取得電子電機學位，但後來他坦承「老是覺得卡卡的」。他早期在民航機製造商波音（Boeing）的成就引發研究設計的熱潮，這一點倒是大眾之福。一九七〇年代中期，他重返校園攻讀史丹佛大學產品設計碩士學位。

大衛說：「設計思維的核心教條，就是對會使用你的設計的對象產生同理心。」

如今，設計思維的應用原則已超越傳統的產品設計範疇，廣為企業採用。根據設計專家喬恩．柯爾科（Jon Kolko）發表在二〇一五年九月號《哈佛商業評論》的評文〈進入設計思

維年代〉(Design Thinking Comes of Age):

大型組織正出現一種改變,讓設計更接近企業核心。但這種改變並非為了美學,而是要把設計原則應用在人們的工作方式上。

簡而言之,設計理論籲求我們檢視顧客(或是客戶、用戶)的體驗,並反向設計出更能提升體驗的產品。這種說法聽起來再明顯不過,但凱利和其他人檢視產品設計時,看到的卻是絕大多數設計都始自設計師的需求或製造技術的限制,而非終端用戶。

那道發現敲響我們心中的警鐘。傳統的銷售培訓在在強調業務員應該善盡本分:找出潛在客戶、預審資格,然後登門拜會、強力遊說,終至結案。但或許這整道環節都錯了!也許我們不應該都只是問:「業務員該怎麼做?」而是要問:「客戶如何決定購買?」

採用設計思維的思維模式,我們開始自問一些專注探索客戶體驗的問題。

- 潛在客戶聘用我們時,他們如何思考?
- 客戶的採購標準是什麼?

- 客戶如何在互為替代的服務供應商之間做出抉擇？
- 組織中的其他人如何影響決策過程？
- 客戶如何決定雇用我們的時機正確無誤？
- 客戶如何評估我們的績效？
- 客戶如何決定未來是否會再次聘雇我們？
- 所有客戶對各種專業服務的看法是否具有相似之處？

一一回答上述問題，有助於我們辨識出七大要素，以便提供一套更通盤理解客戶如何決定購買的務實架構。所謂的七大要素，代表潛在客戶決定聘雇你時所經歷的各道步驟，列舉如下：

一、我**知道**你和／或你的公司。
二、我**了解**你的工作，也明白你和你公司有何獨特之處。
三、我對你所做的事**感興趣**，因為對我有用處而且可能有價值。
四、我**尊重**你的專業能力，相信你能夠幫助我。

五、我**信任**你誠實無欺，也相信你把我的最大利益置於心中。我覺得和你共事很自在。

六、我有資金和組織支持，也**有能力**向你購買。

七、對我來說，這是優先事項，我**準備好**要參與其中了。

這些步驟可能依序發生，但也未必總是如此。潛在客戶既可以了解你，也完全明白你的工作；既能尊重你，也能相信你。不過，除非需求、組織

● 圖8-1　客戶決策之旅的七大要素

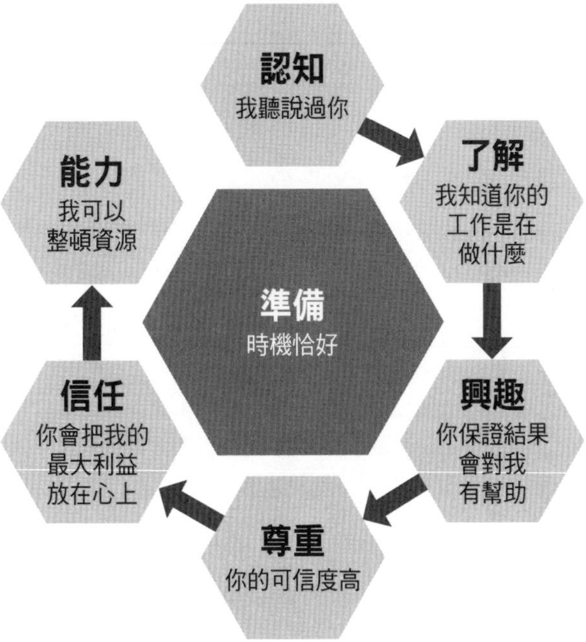
認知
我聽說過你
了解
我知道你的工作是在做什麼
興趣
你保證結果會對我有幫助
尊重
你的可信度高
信任
你會把我的最大利益放在心上
能力
我可以整頓資源
準備
時機恰好

支持和資金一應俱全，否則他們不會感興趣，也無能力去做好準備。有些服務經由特定事件觸發，不到最後關頭就不會需要你的服務。舉例來說，親人過世後才會觸發遺產或稅務律師需求；或者，當一對夫婦成為「空巢父母」，可能會決定蓋一間小屋遷居，屆時便需要建築師提供服務。

▼當顧問成為客戶

鍾亞瑟（Arthur Chung）曾經身兼諮詢顧問與客戶身分。他在晉升為諮詢服務商科爾尼的合夥人兩、三年後轉戰谷歌，領軍全球零售發表策略（Global Retail Launch Strategy）部門。他猶記在科爾尼開發業務的日子。

我們會確認自己想和哪些客戶合作，制定種種可以讓大門為我們開啟的策略。我們每個人都接辦不同任務，但會成群結隊提案。我記得自己很擔心如何獨力開發業務，因為無法心領神會打一堆陌生電話的要訣。

要是亞瑟當時就理解如今在谷歌理解的事物，而且還有諮詢顧問跪求和他合作的話，那該多好；要是亞瑟當時就理解實際上客戶如何決定購買，那該多好。

從他位於山景城的谷歌園區高處向外看，這個世界與他過往擔任諮詢顧問時截然不同。「有很多公司登門造訪懇請合作。我們的日常工作行程滿檔，總是與成千上萬名潛在客戶打交道。我們永遠都很掛念時間。為了去蕪存菁，我們只與自身認定能貢獻價值的企業客戶對談，因此通常僅限於以往合作過的對象。每一家潛在客戶在這裡都找得到某一名和他們有關係的員工，該員會打電話給我，然後說：『我以前曾經和這支團隊共事，我覺得他們可能具備獨特觀點。』當那家公司的合夥人和我聯絡，我就會同意和他們討論。不過雙方之間總是有一道聯繫管道。」

特別的是，亞瑟從不談論「需求」；反之，他只想和聰明對象並肩合作。

不做功課的諮詢公司會慘遭滑鐵盧。許多諮詢公司具備零售經驗，要是它們不做功課，沒有搞清楚我們已經走多遠了，機會之門馬上就會關上。我們會在一開始就提出問題，以便釐清對方是否真的洞悉我們這個產業，或者只是拿我們的過往事蹟來打迷糊仗。我記得有一家公司讓我印象深刻。它們實際上深入探究零售商店及幾家競爭對手，並據此發想出一套觀點。儘管不必然八〇%正確，比較像是五〇%符合，但仍證明它們確實投入時間。多付出一點努力並型塑出獨特觀點，這才是我在乎的重點。它們引起我的注意。

重點來了。客戶確實想買，它們設定好希望能達成的目標，而且手握資源，正在世界各地尋找足堪信任並能提升價值的人才。但是他們會以非常特定的方式來決定購買。

大衛．凱利胞弟兼IDEO總經理湯姆．凱利（Tom Kelley）曾分享一則與IDEO的專案有關的精彩故事。德國品牌百靈歐樂B（Oral-B）一度是全世界電動牙刷龍頭，之後當競爭對手一一湧入，它們的市場占有率開始下滑，便聘請IDEO協助設計下一代兒童牙刷，於是IDEO開始觀察孩童如何刷牙。他們很快就發現，因為握把太細瘦，導致孩童缺乏掌握、使用普通牙刷所需的那種基本靈活度。IDEO開始實驗加粗的刷柄，結果孩童們都很愛用，一項新產品就此誕生：Squish Gripper

就讓我們有樣學樣吧。我們認為，這麼做將有助改變我們對銷售的看法。

第9章

一號要素：我聽說過你

◎請再說一次貴寶號？

正如英國作家奧斯卡・王爾德（Oscar Wilde）在著作《格雷的畫像》（The Picture of Dorian Gray）中所說：「在這個世界上，只有一件事比成為他人討論焦點更悽慘，那就是沒人討論。」

這正是商界中最基本的事實之一：如果潛在客戶根本不知道你這家企業存在，就不會向你購買。

一整門銷售和行銷專業，都建立在這顆顯而易見的小寶石之上。廣播文宣、業務代表、網路廣告、郵件廣告、公共關係、內容行銷、電郵行銷、搜尋引擎優化、貿易展覽、社群媒體和活動行銷等，就像是珠寶店的手鐲專櫃，全都攤在業界人士面前任君挑選。

當然，這些策略還有其他作用，即解釋你在做些什麼、為何與你打交道有其意義。不過上述行銷手法中，頭號要事之一就是要先讓別人知道你的身分。少了這一步，你就等於不存在。銷售和行銷這一行的門檻就是放送你的名號，刻在你最想服務的對象心頭上。

為什麼要這麼做？因為，除非潛在客戶意識到我們存在，否則不會與我們打交道。商業行為始自良好介紹，意味著雙方之間能夠把手言歡。除非你的客戶認識你的名號，否則不會選上你。

勇闖你只是個無名小卒的市場

四十年前，一名年輕男子坐在農村小鎮的教室裡，全神貫注聆聽老師講課。此處位於加拿大西岸大城溫哥華橫加公路（Trans-Canada Highway）以東一百九十三公里。

這一生最能激勵我的老師是薩迪斯（Sardis）鎮當地高中的史塔森（Stubson）女士。她能夠激起每個人的志向，實在很了不起。她一向從「大城市」溫哥華開車遠赴這個沒沒無聞的小鎮教書，而且她會對我們說：「你在這個世界上可以作的事情太多了。放手去做就是了！」在我十三、十四歲左右，她打開了我的眼界，而且鍥而不捨地敦促我前進。她籌辦校史上第一個辯論社，然後帶著我們打進地區錦標賽，接著是各省，最後是全國決賽。她說：

「你不是做完學校功課就夠了。辯論會讓你成長。無論如何，師父領進門，現在修行全在你個人了。」

史塔森女士班上的這名年輕人將這些話銘記於心，後來以優異成績從英屬哥倫比亞大學（University of British Columbia）畢業，獲得羅德（Rhodes）獎學金遠赴英國牛津大學佈雷齊諾斯學院（Brasenose College）深造。他任職金融世家羅斯柴爾德（Rothschild）的貨幣分析師一段時間，隨後接下諮詢顧問商的職位轉赴多倫多辦公室工作。

我原本只打算待個兩年，盡我所能地吸收經驗，然後就回到學術界。但是我在這家公司工作越久，好奇心就越強，因為你無時無刻都在學習。一旦你開始覺得某項工作得心應手了，就會邁入下一個階段。我很喜歡這種感覺。

時間就這樣過去了。他樂在工作，而且一路往上攀爬諮詢業的職涯階梯，同時廣獲同事尊重、游刃有餘，在多倫多商業社區中也越來越如魚得水。就在當時，多倫多辦公室提名他加入國際合夥人，最終卻功敗垂成。對一個如此習慣馬到成功的人來說，這項結果堪稱令他震驚又懊惱。

我總共試了三次才躋身合夥人之列，整道過程痛苦之至……因為我鮮少失敗。我一向努力工作，而且你自己會知道，當你很努力，就會做出好成績。但我在這裡的情況是有苦勞、沒功勞。

面試過程很困難。「其中一次尤其折磨人。面試官對我說：『我們不太確定你解決問題的能力有多好。』那種感覺就像是你告訴天文學家他們的算數能力很差，有點像是當面賞人一巴掌。」

後來，有一個為韓國分公司工作的機會出現時，即使周遭每個人都勸他不要去，他仍一頭栽進去。「你會扼殺自己的職業生涯。」大家都這麼說，但這句威脅也阻擋不了他。他對自己說：「我就是要去。我就是要去接受試煉，彷彿我從未接受過試煉一樣。就算失敗了我也可以坦然接受，但最終我會從中得到成長。」

當我搬到韓國時，幾乎是兩手空空，不懂韓語，也不懂當地文化，更沒有任何人脈。我一無所有。這就是我想要來的部分原因，因為我想要放手一搏，自立更生。

最後，多明尼克·巴頓（Dominic Barton）真的辦到了。他為麥肯錫韓國分公司打造一門實力堅強的銀行界業務，甚至和前任總統結成好友。然後，憑藉這道成功優勢，麥肯錫請求他領導上海分公司總部，掌管亞洲業務。他的眼光、驅動力、智慧並堅定信守公司的價值觀為人稱道。二〇〇九年，來自世界各地的資深合夥人推舉他成為第十一任全球董事總經理。當年他四十六歲。

如何自我介紹

當多明尼克第一次踏上韓國的土地時就知道，他得向全體商界自我介紹。但韓國的銀行圈排他性很強，儘管他必然帶著麥肯錫品牌的光環，仍無法遮掩局外人的事實。

我向他人尋求幫助。我寫了十封信，分別寄給各家銀行產業的執行長。我沒有在信裡說：「聽著，我是來自麥肯錫的多明尼克·巴頓，我願意提供幫助。」反而是說：「我移居此地，希望為這裡所打造的銀行體系能略盡棉薄之力。但我人生地不熟，唯獨擁有A、B、C這幾種經驗。請問是否願意惠賜高見？是否願意傾囊襄助？」

有幾位同事看到我寫這樣的陌生求訪信函都驚呆了，因為韓國人不時興這一套。不過我發出十封信，收到九封回函，他們都說：「沒問題，請移駕敝司暢談。」但我不是發信找商機，而是發信求協助，這就是我打造人脈網絡的手法。人們願意將我引見給其他人。我必須要廣結善緣，因為我毫無任何自然聯繫。

採取這種當面求教資訊的手法成效卓著。回想一下，要是你有機會對當年剛從大學畢業正在謀職的自己提供建言，你會說什麼？

「我喜歡釣魚、健行，我想進入戶外用品業。」

你可能會審思一下年輕版的自己，然後說：「你可以連上網站搜尋職位空缺，或者也可以發一封主動應徵的陌生求職信，不過最好先在業界建立人脈。許多職缺都是個別客製，或是很少廣泛宣傳。」

「我該如何建立人脈？」

「你要善用介紹，並客氣地書面請教他人建議，除了提及工作上的需求，也請對方回饋如何看待自己置身的產業當前的發展方向。在每一次拜會結束之際，請詢問對方是否還應該拜訪其他人選，並確認對方是否會介意你在與他推薦的人選聯絡時，抬出他們的名字當引子。」

這是求職第一百零一道法則。在諮詢和專業服務業也大同小異。

請留意多明尼克教我們的幾堂課。

- **意向很重要**：多明尼克並未試圖夾帶銷售之類的事情，好比留下一份白皮書或提及一道全新服務，因為他知道自己不打算推銷，而是想要學習。在他心中認定，要是他沒有通盤理解自己正行經的產業或地理環境的脈絡，他不可能貿然提供服務。他是真心誠意渴望向南韓的金融服務產業自我介紹，但同時也想傾聽最想服務的對象所提供的觀點。
- **價值觀很重要**：馬文．鮑爾打造一家將服務的價值擺在成長、獲利價值之前的企業，這倒不是說那些事情都不重要，而是為客戶提供公正建議的價值比商業成功更重要。這意味著，最終你總是出於有利客戶與事實的基礎做出判斷，不看自身利益。這一行有一種類似因果的信念：只要做正確的事情，最終它將以一種你無法預料的方式讓你得到回報。
- **時間很重要**：多明尼克落地仁川國際機場後，並沒有馬上就想要開始販售，他的首要之務是服務。從那一點出發，他想要自我介紹、從頭學起。諮詢就是服務，始自了解你希望服務的對象。總歸一句話，它會變成你的人脈網絡。波士頓諮詢的羅素・戴維斯（Russell Davis）曾提供新進菜鳥忠告：做好份內工作、建好人脈網絡。這是因為，網絡裡的人脈來自各行各業、職銜不一，他們具有共同的利益，也各有不同的技能。在諮詢和專業服務這一行，工作的意義代表與人為伍，像是在網絡中的各個節點與人把手言歡，同意將彼此的互補技能和經驗融入合作專案中。這種你來我往的局面，鮮少在初次見面就發生；反之，信任和聲譽會隨著時間拉長逐漸高築，就好比雲層在海洋上越積越厚，儘管終有一天雙方可能有機會協力合作，但光是奢望天降大雨並不代表真的會下雨。

多明尼克採取的第二招是撰寫並發表演講。

我在一份商業報紙上開闢每週專欄，而且無論是誰希望請我去演講我都照單全收。不過我有一條規則，就是在演講前與演講後都要和執行長會面，這樣才能了解產業發展脈絡與後續發展。

同樣的，多明尼克認為，他的工作就是參與並支持自身所處產業的對話。這是一套長遠觀點：**第一步是先提供價值，然後打造並支持網絡，其餘將隨之而來。**

品牌意識的陷阱

對我們大多數人來說，當我們開始思考如何打造對公司和自家業務的意識時，就會過於小心地猜想：「我們公司總共才五十名顧問，沒道理和勤業眾信、埃森哲一樣在機場嵌放廣告招牌。」

這當然是事實，你花不起幾百萬美元建立品牌意識。但你若以為這是建立品牌意識的唯一之途，或是非得要花這麼多錢才有所幫助，那你就掉進陷阱了。我們太常將品牌意識與大眾廣告劃上等號，然後就錯誤地將適合諮詢或專業服務業務的意識，比擬成適合消費者產品的意識。

適用於消費者產品的業務模式，與提供專家服務差之可謂千里，適合某一方的做法其實完全無法套用在另一方。就消費者產品而言，廣告是有效接觸客戶的唯一途徑，因為你就是需要這麼多顧客；販售香皂的利潤是以銅板價計算，所以幾百萬名顧客有其必要。不過，正如倘若你是家庭及家居護理產品供應商高露潔—棕欖（Colgate- Palmolive）的高階主管，你絕不曾想過要與顧客面對面坐下來討論，試圖推銷更多愛爾蘭體香皂；同樣的道理也可反推，當你是獨資業主時，打廣告毫無道理。

我認為聲譽廣告和品牌推廣，也就是傳統的品牌形塑手法，花費大把金錢打造出特定形象，在這一行的成效差得多。因為到頭來，你可能只是打造出品牌意識，但並未創造出選擇偏好，甚至也不見得有讓別人理解這一行究竟在做什麼，除非你能實際上和對方面對面坐下來，討論你可能為他們帶來哪些人才，而人才又會如何出力解決他們面臨的特定問題。因此，雖然打廣告可以讓大眾普遍認識我們，但若比起銷售產品，我花大錢買廣告打造品牌形象或是創造差異化，好讓大眾會想要像買iPhone 7一樣購買法維翰（Navigant）的研究報告，效果幾乎就像是肉包子打狗。

——法維翰諮詢行銷長艾德・凱勒（Ed Keller）

上述例子只意味著，當我們思考潛在客戶如何意識到我們存在時，把錢花在讓他們記住連絡方式才有用，好比是打電話、發電郵。這類做法可能會比你在時代廣場（Times Square）

的電視牆打廣告更具成本效益，而且更有成效。

你需要知道的兩百人

如此一來，問題就變成，你如何建立自己的品牌知名度？更具體來說，你要如何：

- 搞清楚自己應該和誰對話？
- 找到可以向所有人自我介紹的時間點？

好消息是，可能有意願與你打交道的人數，遠比你想像來得少。我們抱持的觀點是，在你的世界中，大約會有兩百人對你有重大影響。倘若你為律師事務所提供經濟分析，而且約莫有兩百名訴訟律師認識你、會把你套用在他們的案件裡，你的下半輩子就會忙得不可開交；要是你任職於紐約一家大型的摩天大樓建築師事務所，在世界各地接案，約莫會有兩百名開發商想要知道你的大名。

對於你的企業而言，兩百或許不盡然正確，但也不會是五百萬。多明尼克設定的人數是五百。

我認為有些方法可以讓你跟人保持聯繫而不顯得突兀。我自己採行的方法之一，有點像是為五百名對象廣泛閱讀。每當我在媒體上讀到某些重要資訊、看了一本書，或是剛好參與某一場有趣的討論，就會在心裡梭巡這個五百人的資料庫。我還在試著湊足這個人數，總之就是那樣的數量，他們都是我已經認識的對象。所以，要是我讀到某些重要資訊，就會交給助手然後說：「可以請你幫我影印一份寄給某某某嗎？」我也認為，這五百人會為我閱讀，也就是當他們讀到某些重要資訊時，同樣會寄一份給我。

一旦你的腦子可以全神貫注建立這種「窄播」的概念，打造意識將變得更加直截了當，顯然成本也會更低。

▼陌生電話是一門失傳的藝術

杜克大學的藍魔籃球隊（Blue Devils）落後對手。杜克若不是搶進四強，就是在俗稱「三月瘋」的美國大學籃球聯賽季後賽期被淘汰出局。距終場不到一分鐘，他們射進一記三分球，再度超前對手。全場觀眾激動狂歡。史蒂芬妮．蔻爾與先生戴夫坐在家中的沙發前緣，對著電視大吼。他們都不是杜克的粉絲，但都賭杜克贏，通往分組冠軍的勝利之路似乎唾手可及。

史蒂芬妮在湯姆創立的賺錢點子交易所任職執行資深董事，她突然想起自己一直很想認識某位在領英瞥見的高階主管。「我知道我們可以幫助他，所以決定打電話給他。」一年多以來，她不只留過語音訊息，也零星送過幾封電郵，但都沒有收到回音。就在比賽結束的哨音響起，大批學生衝進球場時，她轉頭向戴夫說：「他是藍魔的粉絲。」

隔天上午，她致電這位高階主管恭賀佳績，對方馬上有回應。「這是撥打陌生拜訪電話的關鍵。要試著找出你和對方之間的共同點。」

在電腦無所不在的時代，很容易讓人產生把銷售專家服務自動化的念頭。軟體會占有一席之地，但沒有什麼事能取代人際互動。要是你看到某個自己有能力提供幫助的對象，有些時候打一通電話就對了。

讓我們在此釐清：致電陌生人可能會讓你皮皮挫，我們都寧可發布一篇探討某項主題的白皮書，暗自希望客戶能自己上門來；但是單想憑藉這一步就交到新朋友，我們只能說是異想天開。克服恐懼、找到電話號碼，然後撥通。請堅定自己的信念，即你的經驗可以與自己致電的對象互補，該做的都做了以後，至少有機會共同創造出彼此單打獨鬥時所無法創造的價值。

史蒂芬妮有一套做法來彌補陌生電話這門失傳的藝術：

- **發想議題**：你的專家服務可以提供哪些公司潛在幫助？
- **確定角色**：在公司內部，你可以提供哪一種職能協助？
- **找到對象**：去電總機請求轉接，或在網路上搜尋。確定你想通話的對象全名。
- **撥打電話**：留下語音訊息給你想連絡的對象，近來多數人都不太接電話了。你的工作就是讓對方知曉，你是真人不是機器人。留話時千萬不要油腔滑調，畢竟撥打陌生電話不是你的全職工作。只需告訴對方此次來電可能無意中與他失之交臂，你稍後會寄發電郵說明。
- **查出對方的電郵**：上網搜尋，找出那間公司設定電郵的模式。若想亂槍打鳥，就別怕多寄幾種不同的電郵組合。
- **電郵要言簡意賅，並詢問能否通電話**：請記得提及你的語音訊息。試著稍微提到私人或交集點。研究對方的生活或公司正在發生的事情，但請切記不要做過頭。做研究可能會成為你推遲打電話的一種藉口。
- **反覆檢查電郵**：這是你帶給對方的第一印象，因此值得你再讀一次才按下「傳送」鍵。
- **緊盯跟催**：你想要聯繫的人雖然公務纏身，但有可能他們今天沒時間，明天剛好有空。

戰術——哪些做法有效

要在對方腦中建立你提供服務的意識，以下是有效的做法。

請教建議

我們已經學到，單單只是請教他人針對你的業務提供建言，就可能極成功地讓對方記得你的名字。就把你是會議室裡最聰明的人這道想法拋到腦後吧。

發布你的觀點

無論你是經營部落格、播客（Podcasting）、搖筆桿寫文章、白皮書還是著書，寫作與製作播客就是向全世界宣示你對某個領域感興趣。以下你提醒一些規則。首先，堅守你的市場區隔。集中焦點是你的好朋友，你必須讓外界認定你在業界擁有發言權，而且立場從一而終。你曾為大型農業合作社進行審計嗎？那麼務必不要評論低成本鋼材大舉氾濫美國市場的現象。

再者，千萬不要自我感覺非得當個專家不可。對那些販售專業見解的人士來說，硬要壓抑自我認知頗痛苦，不過實情是，你把不同公司裡想出答案的人才聚集在一起，由此所獲得的評價，就和你戴著自稱是知識權威的光環一樣高。第三，請學會傳播內容之道（即刊登在產業期刊），以及之後另循途徑的發布之道（即透過推特推文，或拆成單篇文章刊登在領英網頁上）。

演說

產業研討會的講者席次，越來越常授予贊助該次會議的單位。這種花錢就可以上場的現實，不免讓人覺得研討會的主辦單位似乎行為不當，踩上一條模糊的界線，因為你預期主辦單位最感興趣的重點應該在於「刊登」最優質的內容，而非與花錢的大爺有關的特別報導。不過，這就是我們的現實世界，主題演講和作者都享有優待。沒有什麼安排會比當著滿場絕對精準的目標聽眾演說更完美，他們至少會給你發光發熱、製造印象的機會。我們強調「至少」，是因為並非人人都是演說家，倘若你不是這塊料，最好不要裝厲害。

主辦高峰會

所有大型諮詢和專業服務公司都會贊助各種各樣的高峰會，有可能是一場在曼哈頓舉行的晚宴，或是在阿姆斯特丹登場長達三天的活動。標準形式就是邀請客戶及即將成為客戶的對象赴會，其間可能涵蓋分組討論、著名的產業演說家，以及與合作夥伴在會場以外的地方一對一深談。

這些活動對於維繫得來不易的關係非常管用，不過僅提醒，我們的經驗顯示，你若想吸引還不認識的對象，高峰會作用不大。事情的開端很可能很單純，你的行銷總監說：「教育事業部門蒸蒸日上，我們不妨辦一場鎖定大專院校行政長的活動。地點可以選在奧蘭多。」一突然間，你手上多了一筆二十萬美元的預算，要是能請到兩百位潛在客戶與會，這筆錢就算花得很有道理。可是當你陸續收到「請保留這一天」的邀請回函，你才發現勾選同意的人數看起來很疲軟，而且多數報名的來賓早就是客戶了。

參加研討會

參加產業研討會，結識你還不認識的對象。有些企業為了最大限度提高曝光度，會贊助晚宴（在此重申，這種做法的危險之處，在於你只有跟現存的客戶交流，雖然這也不是壞事，但它的意義跟放送企業名號並不相同）；承諾支付重要分組會議的費用（講台上那一張小小的名牌是值多少錢？）；參加雞尾酒宴（記得提醒自己不要只跟朋友攀談）；或是在貿易展設立攤位（強森與史密斯會計師，到遊戲產業一遊！），同時還提供附帶的素材與免費贈品。

比較好的做法是對大多數研討會的花樣視而不見，但事先準備好咖啡，以便和你想認識的十五位對象坐下來談話；或是贊助一場為受邀賓客在會場以外的地點所舉辦的最佳實務圓桌會議。請謹記，重點不在於讓參加研討會的每個人記住你的名字，請聚焦你的兩百位潛在客戶名單。和目標企業的財務長喝一杯咖啡，比起你在五百個吸附冰箱拉門的磁鐵印上名字並堆在攤位上發送，兩者價值相當。

撰寫電郵

針對特定對象，提出特定、通盤研究過的會面時間要求，可望產生成果。關鍵是後續跟催是否到位。

舉辦最佳實務圓桌會議

湯姆的公司賺錢點子交易所，為諮詢和專業服務公司成立了各種潛在客戶群組。高階主管會暢談最佳實務，僱用湯姆的客戶企業則可以在獨立環境中擔任電話會議的主辦人、結交朋友。因為這樣並不會太操煩高階主管（只是和同儕做一小時電話會議，而非舉辦網路研討會），參與度卻很高，這類做法已獲證明是專家服務提供商結交新朋友的有效之道。

撰寫時事快報

多年來，埃森哲北美諮詢業務前負責人華特・希爾總是會撰寫題為《週五隨想》的簡短電郵，他會娓娓道來一、兩則故事，並試著反思提升價值感。他的寫作風格出色，收件清單很快就衝破幾千人，我們都很期待看到這封本質上是部落格形式，只是採用了一對多電郵清單科技來放送的作品。這一招無疑使他成為大家心中的第一把交椅，對我們眾多收過轉寄文章的收件人來說，它的作用也形同名片。社群網站推特、新生代部落格Medium，雖然可以讓華特的生活更輕鬆，但效果大同小異。

最後，沒有所謂正確或最佳方式，唯有用心執行才是正道。多明尼克說：「我覺得每個人都有自己的行事模式。我想你應該找出自己最得心應手的做事方式。」

困難不在於選擇正確的戰術，而是在於建立一套長期以往能適切表達自己身分的做法。我們都目睹這一行的專業菁英追逐最新的行銷時尚手法，道格稱此為「探求獨角獸」

（Unicorn Quest）。這個月，他們先是一窩蜂地升級網站，之後是優化搜尋引擎，再來又試著透過電郵放送時事快報，最後則找上產業專刊登出廣告。一聽到有人說播客未來可期，他們馬上試用，但下個月卻不了了之，改成去參加產業展會；沒多久，他們又接到新任務，得辦一場演說。

這一套探求獨角獸的做法可以收效，至少有些時候能管用，畢竟大家都偶爾遇過客戶從天而降的好事。不過建立意識有一套比較妥善的方式，就是找出兩、三種適合個人風格的戰術，然後持之以恆執行下去。你不需把所有戰術全派上用場，幾招就夠了。這些戰術都不是快速致富之道，卻是已獲證明有效的方法，假以時日能夠讓你的印記在一個社群及其成員間的對話流傳，使人認知到你已經就定位，在有必要的時候可以提供協助。

▼行銷自動化的迷思

行銷自動化是一套有效簡化販售與行銷業務的軟體，採用自動化的解決方案取代高頻接觸、人工重覆手動執行的流程。無論你是否已意識到，你其實早已經置身行銷自動化的接收端，這套軟體的涵蓋範圍始自你從企業或品牌接收到的大量電郵內容，也包括你所寄出的連絡資訊在內。

當今許多中、大型諮詢和專業服務企業，正建置或考慮建置Marketo、Hubspot和Pardot等行銷自動化軟體。目前這股氛圍十分狂熱，我們產業裡許多人都已經埋單，相信行銷自動化足以產出大量全新合格的潛在客戶。遺憾的是，在我們看來，對於諮詢和專業服務從業人員來說，這種承諾其實有點膨風。

以下是行銷自動化的運作原理：你參與過的每一次採購、活動或訂閱行為，它都會蒐集你的連絡資訊，隨後就開始祭出大量訊息不斷轟炸你。軟體會追蹤你的一言一行，然後發送更多企業覺得你應該會感興趣的資訊（即內容）：新聞與公告、文章、新品特報以及促銷文宣，你可能還會接到一通真人業務員打來的電話。如果你點擊訊息或下載資訊，軟體就會將你的資訊，導向部門主管手中一張名為合格潛在客戶的清單。

問題是，這些人真的都是合格的潛在客戶嗎？他對某項主題感興趣，是否與他有能力購買呈現正相關？再者，請留意這套軟體還會很快地對著你接二連三進行下一步。當你收到這張清單，就得擔負拿起電話與「潛在客戶」聊聊的責任。我們的問題是，倘若你知道這批置身其他企業、被設定為潛在買家的兩百人，願意大手筆推動你家公司業績成長，你何不一開始就直接拿起電話，別管這套軟體了？

在我們被歸類為給行銷自動化惡評那一派之前，且容我們澄清。它對某些產業成效顯著，例如用在消費性產品上，足以勝任執行大量數位傳播的任務。我們的重點在於不建議將行銷自動化套用在諮詢和專業服務中。在我們這一行，通常只會有成打或幾百名潛在客戶，而非成千上萬。

當我們試圖以個人化風格接觸一群相對小眾的團體，是否真的有必要自動化一系列數位內容？何不採用傳統郵寄方式，將你最新版本的白皮書分送給幾十位精選的潛在客戶，並附上親筆題字的短箋？你只需要在一星期後打電話跟催，並邀請這些朋友參加一場與主題相關的圓桌討論，也可以一起喝杯咖啡或是共進晚餐，以便和對方討論想法。

第10章

二號要素：我了解你的工作

◎你做什麼來著？

潛在客戶或許聽過你的名號，但可能仍然毫無概念你是做什麼來著。你若想成功和對方握手，潛在客戶就必須清楚理解你的工作內容、服務對象及獨一無二的特性。

以前，專業服務公司的名號多半是「賈西亞報稅公司」或「漢森聘用中心」，但當前時興拉丁文衍生而來的抽象外星文，好比Amised或Infomax，想從企業名稱窺知業務取向幾乎全是徒勞無功。但如果你家企業名稱就像菜市場名一樣普通，即使你所在的辦公大樓美輪美奐，而且外牆還有近兩公尺高的照明標示，一家可能受益你提供專業見解的潛在客戶，或許還是會因為不知道你們是做什麼來著，長達六年每天就這樣視而不見地開過去。

> 如果旁人認得你家公司名號，卻完全不明白你們的業務或你們服務的對象，那麼名稱識別就沒什麼價值了。
>
> ——《專業服務行銷術》共同作者麥克·舒茲、約翰·E·杜爾與李·W·菲德列克森

西元前五十五年的教訓

對古羅馬最著名的雄辯家西塞羅來說，修辭包括五大規範：發明、安排、風格、記憶和表達。他的著作《論演說家》（De oratore）涵蓋每一種規範的實用建議。他為了改善一般人的記性，提倡使用位置記憶法（loci method），並一再重述古希臘人西蒙尼德斯（Simonides of Ceos）著名的小故事以闡明這套機制。

西蒙尼德斯是一位詩人，專為貴族創作抒情詩謀生；那些貴族所謂的尋樂，就是嚐嚐烤山羊肉、喝喝紅酒，並聽聽擅長講故事的人在朋友面前暢談他們的美德。有一天晚上，西蒙尼德斯為一位名為斯科帕斯（Scopas）的客戶表演，此人一定耳不聰、目不明，因為西蒙尼德斯表演到一半就用完全部的哏了。他知道自己還有一大段空檔要填補，於是轉向讚頌雙胞胎神祇卡托斯（Castor）與普勒克斯（Pollux），心裡打的如意算盤是，只要聊聊這兩位神祇，就能靠連帶關係拉抬客戶斯科帕斯。

當晚結束時，西蒙尼德斯鞠躬答謝，卻只換來斯科帕斯起身揮揮手指。「這次我不付錢。」他大聲說。「這次表演都沒有我的份，只圍繞眾神打轉。」

西蒙尼德斯當場愣住，一整個驚呆了，過了好一會兒才有辦法開口：「我試著歌詠閣下的俊俏容貌、高智商……」

「我講求公平。我只付這首詩一半費用，另一半就讓你的神祇付好了。」斯科帕斯的伶牙俐齒引爆全場醉醺醺的笑聲，西蒙尼德斯也開始放鬆了。這不是他收入最豐的一晚，但至少沒有被毆打或遇上更糟的事。

正當他收拾行囊準備離開，一名信差跑進大廳，在他耳邊低語，顯然外頭有兩名男子求見。西蒙尼德斯就此告辭，走到露台四尋那兩名男子，但什麼影子也沒瞧見。說時遲那時快，他感覺腳下的大地震動起來，一排盆栽植物翻倒摔碎在瓷磚地板上，接著整間房舍搖搖晃晃地整個崩垮。

僕人和鄰居都趕來幫忙，但早已無力回天。屋裡包括斯科帕斯與朋友在內的所有人都死於非命，軀體也遭沉重的建石嚴重損害。親屬魚貫而入想找出他們的親人，但屍首模糊無法辨識。西蒙尼德斯被召喚提供協助，他盯著滿地碎瓦礫，然後想起屋內那張桌子以及原本圍坐的賓客，左邊是貴族阿提庫斯（Atticus）、接著是卡修斯（Cassius），中間是斯科帕斯。於是他很快地就將屍體依序排好。

西塞羅將這種有助於記憶的方法稱為位置記憶法。他說，若想記住一連串事實或陳述，就把所有事項串接在一系列憑空想像的位置，這樣可以讓記憶變得更容易。

直到今天，全球記憶力比賽的冠軍都還會運用位置記憶法。世界記憶大師克萊蒙·梅爾（Clemons Mayer）採納這套做法，在記憶力半馬競賽中於半小時內記住一千多個數字。他在自家建起一道心智足跡，沿途布建三百個站點，並在每一個點「存放」數字。需要提取這些數字時，他會回想這一連串地點，數字就會跟著回到腦中。另一位記憶力冠軍艾德·庫克（Ed Cooke）則是描述自己如何想到所有不尋常的地點，還說**越怪異越管用**，好比他家中小狗的睡墊。一旦他的腦中掌握這些地點異常之處，然後連結地點與任何他想要記住的事情，就真的會記住任何事情。

恩多·涂爾文（Endel Tulving）是愛沙尼亞人，第二次世界大戰後逃難移民多倫多，躲過蘇聯吞併愛沙尼亞一劫。他在當地研究實驗心理學，最終取得哈佛大學博士學位。

涂爾文喜歡向學生證明，即使我們常常想不起來，但記憶長存。他會像機關槍掃射似的大聲念出隨機想到的字彙——鉛筆、雲、時鐘、奔跑、黃色、腐爛、發燒——然後要求學生寫下他們所能記住的字彙。倘若他念出二十個字彙，最佳回答紀錄是十個。再來他會問學生其餘記不得的字彙，是不是就此想不起來了？多數反應都認為如此。到了這一步，他會轉向其中一名學生問他：「清單上有個顏色，是什麼色？」他們不免都會爆出笑聲，並回答出「黃色」。

涂爾文相信，記憶藏在某個盒子裡，但你得闢出一條途徑才能取回盒子。他和研究助理設計一場大型記憶測試，發現在沒有任何輔助的情況下，受試者可以回想出清單上四五%內容；但你若要求對方不只是回想清單上的任何項目，而是提出特定事項，好比前述的顏色或是書寫工具，光是這麼一點暗示，就可以讓成功率跳升到七五%。

客戶如何記住你

一般消費者老是被不想看到的廣告轟炸，因此自然會傾向拋棄所有無法立即在他腦子裡找到立足之地的資訊。

——《定位策略》（Positioning: The Battle for Your Mind）
共同作者艾爾．萊茲（Al Ries）、傑克．屈特（Jack Trout）

你覺得萊茲和屈特是在哪一年提出這項主張？二〇一五年？二〇一〇年？二〇〇〇年？還是一九九〇年？若說是一九六九年，你會相信嗎？他倆預見我們被過多雜訊嚴重干擾的時間點，甚至遠早於智慧型手機、網際網路、電子郵件、社群媒體或二十四小時全年無休的新聞週期。快速回到現代，廣告訊息無情猛攻已讓消費者感覺不安了。

艾爾．萊茲和傑克．屈特首次提出這道主張時，一般美國消費者每天大約接觸到五百則廣告；二〇〇〇年代初期，這個數字暴增為每天約五千則；時至今日，行銷專家估計我們多數人每天被多達一萬則廣告轟炸。萊茲和屈特提醒我們，當廣告量達到五百則，大腦就會受到傷害。廣告量多到某個程度時就已經變得毫無意義，或者是更糟的背景噪音。

大量資訊繞著我們打轉，多數都被視如敝屣。但我們確實會記得意義重大的資訊，把它們放在心智庫裡儲存起來，哪一天接獲暗示就會喚回腦中。

客戶必須了解你是誰

你若想讓客戶向你購買，不僅要讓他們意識到你的存在，更要清楚認識你的工作內容。要是他們搞不清楚的話，就不可能把你和他們當前手上的難題或未來可能遇到的障礙橋接起來。換句話說，他們根本就不會記得你，因為你不存在於他們的記憶之盒，也就不會有清楚的路徑可以通往此處。套用西塞羅的說法，他們沒有可以連結的「地點」。

我們發現，全世界夙負盛名的諮詢和專業服務供應商都做對兩件簡單的事：

- 他們找到利基的地位，並因此做出名號。
- 他們以一句簡短、精闢的說法，清楚表達自己的**工作內涵**、**服務對象**及自身的**獨到之處**。也就是所謂「電梯簡報」。

做好這兩件事，人們不僅會知道你的工作內容，更會記得你，以便往後需要協助或有人請求他們就某個領域建議專家時派上用場。

派崔克．皮特曼（Patrick Pitman）是電商教練（E-Business Coach）創辦人，它是一家位於德州奧斯汀的數位諮詢商，專門為企業構建電子商務平台。派崔克在職涯早期就發現專業化的價值。

如果你的心中有一道明確的連結，橋接你信任的對象和他們可以解決的問題，求助你轉介就比較容易了。長久以來，我的業務主要都是基於轉介。每當某個人心中產生明確關聯時，自然就會幫忙轉介。當他們遇到問題時，你的名字就會浮現心頭。因此，我認為專業很重要，因為它是轉介的源頭。

我們若想成功打造利基地位，就得了解我們隨時都要給自己掛上附加分類，分別是：「第一」、「最好」與「最大」。

- 誰是**最大**的可樂公司？可口可樂。誰是第五大可樂公司？不知道。
- 誰是**第一**任總統？喬治・華盛頓。誰是第二十一任總統？不知道。
- 誰是**最厲害**鞋品電商？Zappos。誰是美國第九大鞋品電商？不知道。

這就像是我們並沒有刻意去做，但下意識仍依循西塞羅和涂爾文的建議記住大量隨機資訊。我們可以說出可口可樂的名字，那是因為它就存在某個記憶間。當我們回想這個名為「最大」的記憶間，可口可樂的名字就會穿透龐大記憶池躍升心頭。

這種說法聽起來很容易，實則不然。總部位於西雅圖的行銷與銷售策略諮詢商雷那提（Lenati）創辦人兼管理合夥人克里斯・克藍（Kris Klein）說：

銷售諮詢服務業的首要之務，就是要創造一個差異點，但又不能差太大，免得外人搞不清楚你在做什麼。我們曾提出這道想法試行一段時間：「我的老天鵝，我們需要創造一個新的市場，所以需要創造新東西。」我們以為公司這麼小，一定得和市場裡的每個人都不一樣，這樣才能創造出差異點。但事實是，這個想法大錯特錯，我們的試行結果慘不忍睹。我們的語言在別人耳裡聽起來很怪異，甚至無法理解我們其實是高手。我們顯然沒有做到清楚表達，就算他們想買也很難找到契機來買。

我們為了打造自己的利基地位，需要決定自己擅長什麼領域，然後明確定義，好比用地理位置、公司規模或其他量詞，然後再練習一套簡潔話術。我們可以如實這麼說：

- 我們是第一家保護跨國公司不受網路攻擊的公司。
- 我們是北美最大的網路資安公司。
- 資訊科技顧問商顧能（Gartner）評選我們是美國最有成效的網路資安公司。

你想被別人記住嗎？找到一個你穩坐第一名寶座的類別。

縮小池塘，主宰利基

傑奇・克魯格（Jackie Kruger）在總部位於明尼亞波利市的會計與金融服務諮詢商克里夫頓・拉森・艾倫（Clifton Larson Allen）掌管行銷部門。他說：「我一向告訴生意上的潛在客戶要『縮小池塘』。」

我們喜歡這句話。寧為雞首，不為牛後。

每每談到專家服務，只要找不出差異化就是死路一條。「我們公司是最大的人力資源雲端軟體整合商，囊括美國西南部地區中型會計和律師事務所市場」，這句話遠遠強過「我們是一站式資訊科技供應商，協助客戶設計和建構技術解決方案」。

這一招雖是行銷建議老哏，但歷久彌新。縮小池塘，直到你主宰自己占據的利基地位。

湯姆最近與一家排名前二十五大的會計公司討論開發業務。

「你希望在哪些領域成長？」

「我們專注開發年營收五億至二十億美元的公司。」

「你最近完成什麼專案，又在哪些領域為客戶提供完善服務？」

「我們與兩家礦業公司合作，協助它們安裝最先進的企業風險管理系統。」

「這是你可以擁有的利基地位。你聚焦於服務礦業客戶，就可以成為最大的會計師事務所。」

「我們為這些公司提供非常完善的服務。」

「請試著將這部分視為開發業務的重點：拜會礦業公司財務長，與對方分享你如何幫助相近公司的個案研究。你有權主宰那個利基市場，這種做法會比你說曾和大公司合作更有效。」

這家公司縮小重點市場，結果在利基市場中專業知識的聲譽水漲船高。沒多久，它們獲邀在礦業小組專題討論上發表演說、為礦業財務長每季召開最佳實務圓桌會議、聘請退休礦業高階主管擔綱顧問，並統一將自己定位成全球礦業公司首選的會計師事務所。

遊戲規則是，如果你不能說自己是某個類別中最大或最好的代表，請務必收窄你的市場定義，縮小池塘。

- **好說法**：我們是北美第三大石油和天然氣租賃顧問商。
- **更好的說法**：我們是德州最大的石油和天然氣租賃顧問商。
- **好說法**：我們專精《商業法》。

● **更好的說法：**近五年來，我們獲得國際連鎖加盟協會（International Franchise Association）評選為最優秀的連鎖加盟律師代表。

特殊性就是能吸睛。如果你說自己是全球首屈一指的拉丁美洲食品公司審核專家，就得為自己在那個市場中開發適切的名稱。更重要的是，當一家哥倫比亞芒果果汁生產商需要審核時，會記得你就是業界行家。

專業才是真關鍵

當然，大家知道你是德州最大的石油和天然氣租賃顧問商，或是最優秀的連鎖加盟律師代表，這固然很好，但還不夠。你必須提供完善服務，亮出真正的專業知識去支持你的市場地位，然後你才能頂著這道光環行走江湖。

你可以與人為善獲得成功，但也可以專精某個領域成功。從長遠來看，通才不會成功，最終你得釐清自己可以在哪一門領域變得知識淵博，而且還得向別人展現真材實料。年輕人在初入社會時，很難想清楚自己想要在什麼領域稱霸，但至少就我們公司的發展途徑來看，成功之路來自成為某個主題的專家。你得努力深耕。

——法維翰諮詢（Navigant Consulting）行銷長艾德·凱勒（Ed Keller）

▼如何找到焦點：好問題力量大

請自問：

- 近二十四個月來，我們最引以為傲的專案或產品是什麼？
- 倘若明天我們人間蒸發了，當前哪些客戶會驚慌失措？
- 對我們來說哪一項工作看似最輕鬆？
- 我們鮮少在哪些工作上被砍價？
- 哪一項專案或產品最有利可圖？
- 倘若明天我們停工，核心客戶絕不願錯過哪些產品或服務？
- 我們在哪些市場沒有任何直接競爭對手？
- 誰是我們的主要競爭對手，雙方有何差異？

磨練你的電梯簡報術

如果打造利基地位、運用它的力量驅動「躍居首位的意識」（Top-of-Mind Awarness），算是打動客戶願意與你打交道的重要基石，這趟旅程必須祭出明確、強力的說明術才能圓滿達成。

- 你的利基地位聲明。
- 服務對象的陳述。
- 如何協助客戶的聲明。
- 自己如何與眾不同的聲明。

且讓我們將上述元素全都融入一份電梯簡報中。

「湯普森是喬治亞州最大的家庭法律師事務所。我們協助家庭解決問題，並讓經過培訓的調解員發揮專業能力，抽絲剝繭找出更平坦的前進之道。」

「湯普森是喬治亞州最大的家庭法律師事務所」，這句話是它們的利基地位。「我們協助家庭」，這句話是它們服務對象的陳述。「找出更平坦的前進之道」，這是如何協助客戶的聲明。任用「經過培訓的調解員」，這是它們的獨到之處。

再來兩個，請各位好好練習。

「我們是全國第一家也是最大的鉛檢測諮詢公司。我們協助公共工程專業人員採用專利認證的適飲測試系統（Potable Test System）保護飲用水。」

「我們是毛伊島歷史最悠久的衝浪指導店家。沒有人可以比翻捲巨浪（Rip Curl）的專業高手更快地協助你把握好浪。因為衝浪老手都知道，衝浪日遇上壞天氣完敗工作日事事順心。」

▼要是我們具備多元能力，那該怎麼辦？

戴夫．貝利斯（Dave Bayless）創辦人力資源業務（Human Scale Business），提供專家服務是其中一部分業務。他拿過企管碩士學位，是一名連續創業家，也曾是銀行家、私募基金投資人，因此可以帶給客戶豐富的經驗和知識。因此當他說在自家與其他競爭對手的專家服務業務中，所看到的最大挑戰是「意向模糊」時，真是讓人驚呆了。

我們和業務潛在客戶、諮詢合夥人商談時，老是會看到這個問題。我們會問對方：「你提供的服務是什麼？」對方通常會回答：「取決於問題。」

專家服務供應商出於兩大原因這麼做。第一，它們很聰明，可以在各行各業、各個地區的各種不同情況下合法地供協助。第二，它們知道，新生意難尋，如果它們發現有魚兒上鉤了，就會開始拉捲釣繩，管他這隻魚是不是當季產物。

戴夫表示，他吃足苦頭才學會聚焦的必要性。他廣泛定義自家的諮詢業務，但會隨著時間拉長慢慢縮小池塘，這麼一來他就能延展自己坐擁利基地位的權利。

壯大業務有兩大做法。你可以在一個嚴格定義的利基市場中增添新客戶，或是同步開發十幾個利基市場。即使你堅守自己「坐擁一席之地」的權利，因此前者的成長率較高，毛利也比較好，但後者的誘惑力始終不減。

在我的職涯早期（也就是成為合夥人之前），曾與專屬保險公司建構商共事。對方是一家在稅務領域占有一席之地的利基公司，而這個領域在保險業中也算是利基區域。我與其他同事撰寫文章、書籍，每次有機會演說也都全力以赴。我參加所有研討會，常在現場遇到所有專家，因此在公司內部成為小有名氣的專家，得以接到許多機會前赴全國各地工作。直到今天，即使現在我身為公司的領導者，人們也會打電話給我。我發現一日是專家，終身是專家。有時候當我與年輕人交談時，他們對於深入研究某些事情猶豫不決。我把這種情況比喻成衝浪，你找到一處絕佳地點，乘風破浪玩得十分盡興。你正享受莫大成功，但波浪突然改向沖往岸邊。其實沒關係，因為你已經證明自己可以成功駕馭浪頭，之後浪消潮退是很正常的結局。你只需要回到起點，找到更多好浪。如果你想想我們這一行，以為再也不會有好浪，那你就是腦袋壞了。你得為自己找到利基地位，並隨著時間一再更新你的利基地位。

——安侯建業聯合會計師事務所聯邦所得稅（Federal Tax Services）部門全國服務前線主管（National Service Line Leader）克雷格．安格爾（Greg Engel）

你若認為無法隨著時間轉變自己的利基地位，這種想法大錯特錯。就算你打造出利基地位，也不用一輩子就緊抱著不放；你可以把它作為根基，然後再出門打造另一個利基地位。你若是覺得自己無法從事利基之外的工作，這也是錯誤想法。你當然可以找到自己的利基地位，並同時拓展專業知識。重要的是你得知道，以「我們無所不能」的角度切入市場很沒說服力，明確表達自己的身分、預期進行怎樣的專業對話卻是威力無窮。

戰術——哪些做法有效

箇中訣竅就是讓你希望服務的對象知道你最擅長的工作。你可以採用以下方式進行。

握手

無論你去哪裡，任務之一就是要結交新朋友。拜會他人、把手言歡、問問對方來歷等。當對方問起你的職業時，務必做好準備一套說辭，盡可能三言兩語就清楚定義自己的利基地位與能耐。

「我經營一家諮詢公司，協助工廠經理導入數據分析，以便幫助他們理解哪些事項會導致意外事件增加，藉此減少意外發生機率。我們是加州這一行的龍頭業者。」

你應該是在一場產業研討會上說出這番話，但如果你太太的律師事務所舉辦野餐會，也可以在雞尾酒時間放送。

筆耕

你應該撰文宣傳你的名號，而且不管你寫了什麼，寫完全文放名號時最好額外加上一道標籤：「賈麥爾・白朗克是西南地區歷史最悠久的行銷服務商明觀的董事總經理。他掌管的部門聚焦為B2B客戶設計網站並優化搜尋引擎（SEO）。」

演說

接受演說邀約時也適用同樣的道理。之所以去發表演說，是因為這樣你才能將你的自傳融入該項活動。介紹自己的生平並不僅僅是一個讓你堆砌工作經歷和學位的機會，而是可以讓聽眾認識到你的工作內容。請開始發表演說，並觀察會後聽眾是如何走向你，對你分享他們關於該次演說主題的興趣與需求。

撥打陌生電話

如果你在產業專刊讀到某人的文章，或是看到他們撰寫文章的部落格網址，試著聯絡對方並安排時間深入請教。當雙方侃侃而談，你就有機會說明自己的身分以及你的興趣所在。請為那一刻做好練習，以便當場可以清楚、明確表達你的工作內容以及你服務的客戶。

精準定向你的廣告

在專家服務這一行，範圍太大的廣告成效不佳，雖然不是說完全無效，只不過投資報酬率可能得打個問號。但這條行規也有個例外，那就是可以解釋業務內容的精準定向廣告。在產業專刊、業界展覽會或研討會上投放分段廣告，是一招很管用的方式，可以讓你講出好故事。

定調你的網站

你可能已經架設好網站，但它是否能清晰傳達你的利基地位？客戶造訪你的網站是想更深入理解你的業務內容，故請務必確保你的網站足以清楚說明以下三點：業務內容、服務對象，以及你的獨特之處。

客戶花錢購買是因為他們聽說過你的名號、了解你的業務內容，但遠不只這兩點。他們還必須覺得你的業務內容足以協助他們——我們稱之為感興趣。

第11章 三號要素：我感興趣

◎這些是我的目標

陽光穿透辦公室的窗戶，也穿透丹佛辦公園區樹梢的葉縫。我們剛剛做完簡報，坐在胡桃木會議桌對面的女士仔細地寫下筆記，提出幾個扎實的問題。在我們心中，這些現象都是正面訊號。或許我們終於做成生意了！我們拋出試探意向的風向球。

「據你們所說，聽起來似乎覺得考量涵蓋以下三項元素的專案會對我們有幫助……」

她一邊回頭望向我們，一邊斟酌用字，聲音微乎其微地頓了一下。我們的雙眼極輕微地抽搐起來。這條魚輕啄魚餌，甚至可能咬了一口，但馬上就游開了。我們感覺得到。

「我真的很喜歡你們……但是，我們其實不需要你們的服務。」

在每一名潛在客戶行走的旅程中，三號要素「興趣」經常是路上的障礙。這是客戶開始做決策，判斷是否要繼續在你身上投資時間的關頭。

你非常成功地將公司形象烙印在潛在客戶心中，最初意識可能來自廣泛的出處：可靠的來源提供紮實的推薦、你在研討會中遇到的某個對象、你的公司內部某一名同事的線人；湧入官網或部落格的電郵；或是你打一通陌生電話給某一位你想要認識的對象。無論如何，潛在客戶現在已經知道你的存在，這一點非常有利。倘若他完全對你或你的公司沒有印象，根本甭提第二步。

現在想像一下，你也很周到地協助新的潛在客戶清楚了解你是誰、最擅長什麼任務、服務對象是誰，而且你有多麼與眾不同，這些都是有效的行銷策略具備的關鍵要素。好消息來了，你釋出訊息的種種努力都得到回報，新的潛在客戶確實明白你的工作內容，也知道你和潛在競爭對手的不同之處。這份理解可能是來自你的網站、行銷附帶素材、陌生來函電子郵件、第一次通電話或面對面談話。這時對方可能還不十分理解你的所有強項，但你已經相當成功，在一開始就用一種十分易於理解、獨特的方式站上有利位置。

現在來到關鍵時刻了：未來的潛在客戶將決定是否會與你一起花費更多時間？你會發現，這正是你能否將在一段全新的業務關係中取得實質進展，或是事情即將陷入停滯狀態的一刻。如果決定是正面的，你就會打一通後續電話或跟進會議，以便進一步討論各種機會；對方甚至可能會請你提案。

但決定若是負面的，你或許就會聽到這段話：「能夠聽你解釋貴公司的業務真的很難得，雖然我們目前還沒有打算做這些事，但十分感激你與我們接觸。」不過通常情況下，潛在客戶就只是不再回電話，也不再參加會議。在後面這種情況，你經常只能摸摸鼻子自問：「過程中出了什麼問題嗎？」

說真的，到底出了什麼問題？且讓我們花一點時間解析客戶心中的盤算，以便更進一步明白他們如何、為何做出這樣的決定。

要讓潛在客戶繼續與你耗下去，他們必須做出以下結論：

- 你的工作內容**與他們及其目標相關**。你必須解決問題、支持策略計畫，或者推進他們的組織議程。
- 你的服務項目必須承諾足以對這些目標產生**重大積極影響**。他們必須對營收成長、成本削減、業務績效或其他重要指標，可以「貢獻一點進展」。

走對方向

當我與一些年輕的合作夥伴討論到業務開發時，有一件簡單的事情經常被忽略，那就是：「你有問過客戶未來一到三年他們的業務規劃嗎？」其實只需要簡單提問：「你能否與我分享你的業務規劃，好比你如何評估部門績效，未來一年、兩年或三年有哪些目標？」這樣就能讓你在競爭中脫穎而出。

多年來我發現，客戶經常會說：「其實，從來沒有人問過我這道問題。當然我會和你分享。」但我從來沒有聽過任何人這麼說：「這是商業機密。我不打算和你分享。」反而比較會這麼說：「我很樂意帶你一起瞧瞧我們是怎麼被評估的、我們有哪些計畫，以及與這些計畫有關的想法。」

——安侯建業聯合會計師事務所合夥人兼資產管理、稅務部門全球負責人查克．沃克（Chuck Walker）

你若想讓潛在客戶願意花費大筆時間了解你，就必須被對方認定你對他們夠重要。我們的工作得具備解決問題或為潛在客戶推動展望的潛力，若非如此，我們的工作就無足輕重。

好比說你是轉型專家，在重振陷入困境的製造商這方面具備深厚經驗。他們經常瀕臨破產的嚴重財務問題，因此你的工作對這類企業相當重要，不分時節。

星期三晚間，你剛坐上美國航空二三〇九航班的頭等艙，將從芝加哥返回達拉斯。

「又是累死人的一天，我得來杯飲料。」鄰座乘客嘆口氣。當他點一杯威士忌加冰時，你們開始聊天。你點的是咖啡，因為你經手的這家位於芝加哥郊區、專事射出成型的製造商，正在聲請《破產法》第十一章重整保護作業，因此你還得再試算一些數字。

隨著談話繼續延伸，你知道鄰座乘客是一家工業扣件生產商老闆，剛剛才被銀行酌減五百萬美元信貸額度，因此這座他父親在一九六二年創立的工廠，這個月恐怕是付不出員工薪資了。他正在前往拜會另一位德州銀行家尋求新融資的路上，但也知道希望越來越渺茫。當他得知你是正與民營製造商合作的轉型專家時，耳朵立馬豎了起來。就在你們走出停靠在達拉斯—沃斯堡國際機場的飛機時，雙方已經談定在十天內開會，商討如何協助他的公司。你剛結交的新朋友突然發現自己正面臨失去一切的風險，而你的專業知識與他的需求高度相關。

然而更困難的情況是，潛在客戶甚至不知道他們面臨一些你能提供協助的檯面下問題。舉例來說，在資訊科技服務業中，你可能會比客戶更清楚他們所面臨的難題。你賣的畢竟是信用財，你先診斷、後給藥方。假使你提供的是網路安全解決方案，但要是潛在客戶從未遭受網路攻擊，或根本不曾意識到他們的系統特別脆弱，你想要讓對方感興趣，就得像攻頂一般全力以赴——意思是，除非資訊長在半夜四點接到緊急電話，得知用戶的信用卡資料庫被駭客入侵，不然你很難做成生意。

還有一種情況也比較棘手，在這一行來說，我們提供的產品都是客戶自行決定、可要可不要。我們的客戶沒有非得與我們合作不可的必要，他們若是選定與我們合作，全因符合自家公司的策略。哈利．華萊斯創辦湯姆經營的公司，他老是說：「如果你是醫師，有個乘客在飛機上跌倒了，你有義務提供幫助。」這一點沒錯，但更常見的情況是，客戶明明需要我們卻渾然不覺。這時，醫師又要怎麼辦呢？

做出有意義的差異

你可能會建議客戶將客服中心從印度遷至內布拉斯加州，以便省下兩百萬美元。對一家年營收五億美元的公司來說算是省了一大筆錢，但對規模五百億美元的公司來說則不然。價值是相對的，所以你的工作或專業見解，必須對潛在客戶的成功產生有意義的影響。

倘若你的潛在客戶是《財星》前一百大企業中開發業務負責人，問題就該是：你的工作是否可能為他帶來上千萬或數億元的新收入？差異顯而易見。這並不意味著你的服務毫無用處，僅代表它們可能不具備有意義的影響力，足以推進用來評估這位開發業務主管正在追求的業績目標。

想讓你的價值呈現出有意義的差異，一部分是透過提出觀點。你述說雙眼所見的情況，即可算是一種傾聽和建立相關性的形式。你觀察一家公司並回報你的所見所聞。

（目標）在於解決問題、為客戶打造解決方案。如果你在他們領悟自己已經遇到問題之前就提出解決方案，你最有可能做成生意。

——美國銀行美林集團前高階主管吉米．羅斯（Jimmy Rose，已退休）

最後，潛在客戶對你提供的產品，只有感興趣與不感興趣兩種下場，亦即符合他們的優先事項或根本不在考慮之列。聽起來很刺耳，但請永遠記住，客戶可能真心想和你合作，但眼前有更急迫的目標得完成。絕不要搞錯興趣缺缺和準備就緒，兩者可是天差地別。有興趣意指你有命中能夠明顯改善買家生活的問題，還沒準備好則可能是資源或政治問題。倘若對方不想了解你提供的服務，那就不要再糾纏；但要是還沒準備好，請保持聯繫。

如果他們不感興趣，也不要就此撒手不管，改請他們推薦。「我們很樂意與貴公司合作，但我知道敝公司的業務內容不符合貴公司的優先事項。請問你覺得哪一家會對我們的服務感興趣？如果我告訴對方是你建議我與他們接洽，你會介意嗎？」

第二，認了，但速速切換角色。「我們明白了。貴公司正忙著重新架設網站，此刻無法考慮開發客製的顧客關係管理平台。但或許我們可以換個思考方式。別把我們視為需要管理的供應商，而是可以在平台推進業務的外包合作夥伴。這樣的話，一旦貴公司的網站完成，你就可以開始考慮這項提議了。」

戰術——哪些做法有效

定下第二次通話或會面，是建立關係的重要組成部分，它象徵你提供的內容具有價值。以下是提高第二次通話機率的具體步驟。

明確傳達

清楚闡明兩大關鍵事項：為什麼你與客戶的世界相關以及你能如何對他們的議程產生重大影響。

研究

「明確傳達」這一步，是假定你預先知道客戶的目標是什麼，但多數時候你其實並不知道客戶當前關注的標的。你可能會推測，他們應該對提高收入或削減成本感興趣，卻不知道這些是否真為他們的目標，也不清楚他們是否正煩惱縮小規模、換個新老闆、他們管理的最新一套專案評價如何、執行長剛剛發表過的演說，或是一堆足以驅使他們在任何一季定義為目標的其他因素。

若說某人會受到單一動機驅使而行動，這種假設也很愚蠢。我們每個人都帶有各種不同的動機，你的工作就是當你看到這些動機萌現時，動手解放他們。組織內部的「導盲犬」可以提供幫助。要是你認識業界人士，或更理想的情況是你想服務的公司裡正好有個熟人，他們可以為你在試圖提供協助的特定人士面前美言幾句。以這種方式來安排訪談、蒐集資訊時，可以幫助你了解該公司判斷是否感興趣的幕後決策，其效果不會比你說或做的任何事情遜色。

閱讀對方發布的文宣也很有幫助。近來我們很喜歡做的一件事情，就是觀看我們正在試圖爭取的客戶高階主管接受採訪或演講的YouTube影音內容，沒有什麼事會比深入潛在客戶心中更管用。我們也會觀看某家企業執行長發表的演說，他們暢談自己如何領導公司的言論內容往往唾手可得，很可能他們也對你的潛在客戶說了同一件事。

最後，檢視一下公司官網上宣傳的成功案例，這是他們最引以為傲的工作，你可以很有把握地說，他們會想要更上一層樓。

謹記有耳無嘴

還記得我們先前提醒，最好從顧客而不是你自己的角度出發嗎？該著眼買家的心路歷程，而不是賣家的？報告一則新聞快訊給各位：這實在很難辦到，彷彿我們被寫入程式，就是堅持要吹捧所作所為，而不是傾聽某個中階經理喋喋不休他們遇到的問題。然而，傾聽正是我們最必要做的事情。

當你簡報時，請限定十分鐘內完成，然後就開始提問，例如：「我剛剛發言時有稍微建議，貴公司可能對我們幫助其他公司將採購流程轉移到雲端感興趣，不過也只是猜測而已。請教您怎麼看待自家的採購運作流程？」

提問會啟動一場有助雙方努力實現最終目標的對話。你一開始先建議可能有助益的做法，客戶很快就會拉回來，並說你明顯離題：「我們這兩年來一直都在採購雲端相關產品，但現在我擔心的是安全性。」他的回答提供你提出更多問題的機會：「你主要是擔心雲端資安全問題，或者問題出在貴公司缺乏安全性？」同樣地，你拋出一項命題，讓對方有機會回覆你：「比較是我們缺乏安全性。我得向遍布十六國的五大業務部門蒐集數據資料，所以我擔心我們沒有受到完全保護。今年我對自己說，我會審核整體網路作業，採取必要措施，確保我們不會犯下錯誤。」到了這一步，你已經大有斬獲。

為客戶增添價值是首要之舉

正當我們很想讓客戶知道自己如何能幫得上忙，而不是洗耳恭聽的時候，謹記這種急切展示自家實力的做法，反而充分顯示我們無法增添價值，只想推銷技能。這種做法的問題在於，人人都不想被強迫推銷。他們不介意與陌生人交談，但必須感覺到自己在交流中也獲得回饋。

四大會計師事務所中某一位合夥人，述說她拜會潛在客戶的看法：「我告訴對方一件與競爭對手有關，但他們渾然不覺的事；一件與自家公司有關，但他們渾然不覺的事；還有一件與我們有關，但他們渾然不覺的事。我去拜會他們時，不會單單只要求提供資訊，我會提供對方資訊。」

你若是私募基金或風險投資業者，產品組合中可能具備各種與我們的醫療保健資本市場部門有關的資產。我們會設法與你坐下來開會，或是打電話聯絡，或是寄發內容與他們有關的電子郵件。這些作為可視為深入探討某家特定公司的做法——我們真的願意嘗試各種方式延伸雙方對話，無論是否為短期行動項目，都有助於建立雙方關係。目標在於，當他們準備好付諸行動時，我們就是那個他們打電話想找的人。

——高盛（Goldman Sachs）銀行副總裁傑克．班尼斯特（Jack Bannister）

在諮詢和專業服務銷售領域，「永遠要能結案」已經出局，現在是「永遠洗耳恭聽」。

▼提出問題

在諮詢顧問的百寶袋中，完成一場漂亮採訪的能力或許是最重要的一支箭。請帶著自信射出箭矢，讓它穿透原本兩位互不認識的專業人士之間自然存在的尷尬。

湯姆的千金年約二十二歲，剛從大學畢業。他幫她從亞特蘭大市搬家到華盛頓特區，在展開第一份工作前先安頓好。他們租了拖車，在十小時車程中有大把時間可以聊天。他們來到南卡羅來納州格林威爾市附近，她問起拓展人脈網絡的問題。她說導師曾告訴她，要在新工作中耕耘人際網路，這是未來在華盛頓特區成功的關鍵，但補上一句：「有時候在雞尾酒會和陌生人聊起很不『社交』的偏專業問題，感覺有點尷尬。」

「那就提問好了，每個人都喜歡被問。」湯姆說。

他的女兒一臉困惑。

「妳請教對方的工作內容，讓他們敞開心胸。像是『你從事哪一行？喔，在環境保護署高就嗎？你在署裡擔任什麼職位？你們當前面臨最大的三項挑戰是什麼？你們對競爭學派提出的最佳回應是什麼？其他國家都是怎麼做的？有沒有他山之石可以借鏡？』

「聽起來倒像是在審問對方。」

「我是在告訴妳，當妳提出和本人有關的問題時，通常會變得比較好玩。他們會認為妳很聰明，而且也會比較享受這段談話。」

你或許以為，大家都喜歡受訪是因為他們喜歡聽到自己的談話內容，好比我們在別人面前擺出一面亮晶晶的鏡子，他們就會顧影自盼，是一種虛榮心態。但我們不同意這種說法。我們認為，深思熟慮的問題是一張創造全新理解的邀請卡。

提出好問題，有如給那些與你交談的人士一份寶貴禮物，讓他們有內省的契機，或許這還是他們第一次以言語表述。你向對方說：「你整天都在一個特定的世界裡工作，因此得到一道極為珍貴的獨特、見多識廣的視角。它的內涵是什麼？請與我分享你的智慧。」

當潛在客戶了解你、完全明白你的工作內容，而且對你提供的服務感興趣時，接下來的工作就真的開始變有趣了。這是關鍵心理轉變發生的一刻。潛在客戶開始自問，除了知道你的工作內容，還想知道自己是否需要你。不過，「這位專家真的非常擅長自己號稱的工作內容嗎？他們真的可以兌現承諾嗎？」

第12章
四號要素：我尊重你的表現
◎你有充足的本事可以幫助我

現在好戲即將登場。

一、客戶知道你是誰。
二、他們了解你的工作內容。
三、他們感興趣，因為你的工作內容與他們的優先任務有關。

一切都很圓滿，但距離選定你當共事夥伴還早得很。他們必須先掂清楚你的斤兩，才能自在地參與其中。我們訪談過的專業人士一致同意（幾乎每個人都會談到），潛在客戶有必要先信任你。

我們的觀點是，信任是一頂大帽子，扣住兩道同樣重要的不同概念。第一層「信任」

是指「可信」的同義詞，客戶必須感覺到，你真的很可能辦到你打包票的承諾。第二層「信任」是指「忠誠」的同義詞，客戶必須感覺到，你把他們的最大利益放在心中。

- 我相信你會完成工作。
- 我相信你會罩我。

為了避免混淆，我們改稱第一層「信任」為尊重。當客戶尊重你的經歷、背景和表現紀錄時，就有信心你將可完成交付工作。

道格的好朋友比利・紐森（Billy Newsome）是尼克森・普威特（Nexsen Pruet）律師事務所合夥人，總部位於南卡羅來納州哥倫比亞市，稱霸美國東南部市場。聽聽他怎麼說建立個人信譽的重要性：

在法律這一行，你想習得執業的大部分技巧，得透過經驗、與客戶互動並透析他們的決策點，然後傾聽對方述說關切的事物。你需要一定程度的經驗才能談論諸多議題。這倒不是要你一定得在初期召開會議時，就能坐下來針對他們的問題提出解方，因為情況通常不是那麼簡單；但是你必然得具備一定程度的專業水準，讓你和客戶談話時得以充分體現。倘若你無法證明這一點，他們對你的信心可能就沒有高到足以聘用你。因此我覺得，積累一萬個小時的經驗、成為自己擅長領域的佼佼者，是必要的基本功，然後你才能出門去兜攬生意。

在下一章中，我們將討論第二層信任，也就是客戶是否相信你會把事情做對、看重他們的利益勝於你自身的利益。本章且讓我們聚焦，是什麼原因讓潛在客戶尊重你端上檯面的牛肉，也就是比利所說一萬個小時蓄積而成的專業見解。請思考聚焦於探討「尊重」的這一章，這是潛在客戶花腦筋評估你的方式；他們的左腦發揮計算功能，盤算著他們依據你的背景所付出的尊重，是否足以提供他們信賴你的信心，能夠放心把一項重大影響他們生計的專案交到你手上。這是客戶估量與你打交道的利與弊時會做的事情。

你的表現紀錄如何？

一年多以來，湯姆忙著為一支私募基金首次募資。他與合夥人菲爾．柯林斯（Phil Collins）從紐約飛舊金山、達拉斯飛芝加哥，到處拜會各式各樣的金主與家族企業。

「幸會幸會，也許讓我們稍微解說一下我們的背景，然後再通盤解釋我們的投資論點。這樣比較合情理。」菲爾會這麼說。

湯姆會用十句話總結他的經歷，然後換菲爾；湯姆會強調自己在經營企業的背景，菲爾則會接著說他原本是投資人，跟在某位備受敬仰的白手起家型超級富翁身旁當學徒，擁有哈佛商學院學位，歷練過麥肯錫，現在是某家規模完善的大型私募基金最年輕合夥人。

他們一邊說明簡短的自我介紹時，就等於是一邊在闡述他們的證書，在一種實質意義的層面上，藉由建立自己的明確身分，獲得進入小小會議室的權利。

你有正統性嗎？

現代外交的歷史始於十三世紀，當時義大利米蘭的傭傭兵司令法蘭切斯科．斯福禮（Francesco Sforza）獨攬大權，任命自己為米蘭公爵（Duke of Milan）。他迅速與北義大利建立起關係，在每個城邦開設常駐大使館，並派出身上帶著授權信函的大使代表米蘭發言。沒多久，歐洲各國都在其他國家開辦代表機構，於是今日我們所知的現代外交使團與公約就此誕生，其中包括提出並接受大使證書的儀式。

那就是菲爾和湯姆正在做的事，即當著潛在投資者面前展現他們的真心誠意。「這是我們的背景。這就是你可能想到投資時會出現在腦海中的合作夥伴關係。我們屬於這裡。」

湯姆和菲爾交代完背景資格後就會轉向他們的命題，舉例說明他們計劃投資的公司。期間會有一來一往的問題和答案，然後就是那個唯一事關重大的問題：「**告訴我你們的投資表現紀錄。**」

「表現紀錄」代表投資界的一切，對諮詢和專業服務的潛在客戶亦然：潛在客戶想要聽聽你的表現紀錄，或是你曾經成功為其他客戶賺錢的經歷。

- 「告訴我你為其他公司執行數位轉型的經歷。」
- 「你曾經和我們這等規模的公司合作過嗎？」
- 「你會參與這項專案，還是讓比較資淺的員工接手？」
- 「我們可以期待什麼樣的投資報酬？」
- 「你有個案研究嗎？」
- 「我可以找推薦人聊聊嗎？」

上述所有問題，都聚焦在估量你能夠辦到自己打包票實現承諾的可能性。那是因為在一樁諮詢或專業服務買賣裡，過去的經歷代表往後合作的開端，你為過往客戶服務的成果，就是唯一一道基於事實的評估方式，用以判定你是否夠格成為夥伴。其他的一切，都只是空口白話，也就是毫無佐證的說法與承諾。

心理學家亞當．魏茲（Adam Waytz）加入西北大學凱洛格商學院（Kellogg School of Business）的信任專案（Trust Project），從心理學、神經科學和心理生理學的面向研究信任。魏茲針對信任提供以下定義：「某個人的言行舉止，是否依循某一種我可以始終如一地預測的方式發生？」

現任耶魯大學心理學教授保羅．布倫（Paul Bloom）在一九八四年的《哈佛商業評論》中，發表一篇開創性的文章〈高效的專業服務行銷〉（Effective Marketing for Professional Services），分享這套觀點：

專業服務的買家往往不確定應該採用何種標準挑選專業人士，因此傾向關注以下問題：你以前做過嗎？大家多半偏愛任用曾經待過同一門產業的會計師和管理顧問、接案類型和自己一樣的律師、設計出自己心儀建物樣式的建築師，以及已經操刀數百次必要手術的外科醫師。任用經驗豐富的專業人士，讓一樁充滿風險的買賣變得似乎沒那麼危險；除此之外，要是計畫出了差錯，買家還可以逃過一劫，免受上司或家人責怪，說自己並非不經考慮就隨便挑選沒有實績佐證的專業人員。

建立信譽

客戶的部分反應可能會和貴公司的規模成正比。假設你是一家在全美十座城市設有分處的五百人企業，當你找上石油商埃克森美孚（ExxonMobil）商議在全球導入企業資源規劃系統（ERP），預計會用上兩百五十人赴十多個國家執行計畫時，客戶或許會合理總結：貴公司的規模恐怕不足以完成這項龐大專案。儘管你的提案出色，埃克森美孚仍可能雇用埃森哲或ＩＢＭ。

諮詢和專業服務公司和生活中大多數事情一樣，也講究論資排輩，有幾家就是比其他業者德高望重。在許多人的認知裡，麥肯錫、貝恩和波士頓諮詢同列頂級策略諮詢商之林，你要是在其中任一家服務，公司聲譽會為你的個人聲譽帶來光環效應；反之，你若是一家二十人精品策略商的合夥人，就得加把勁證明自己的可信度。

但這並不代表與小公司合作就喪失優勢，畢竟不是每一家公司的口袋都夠深，請得起大牌諮詢商。此外，也不是每一名客戶都想請大牌諮詢商，有些公司就是喜歡和規模小一點的諮詢商合作，因為他們相信這樣才能獲得更密切的關注、更到位的服務。重點在於，無論如何，當你在商場中冒險犯難時，貴公司的相對聲望就是你的披甲。

你個人的資格證書也很重要，在法律、會計、工程和建築等專業領域，擁有資格證書可能讓你在「你是否具有適格的學位或證書」這一項過關。不過，資格證書並非永遠代表專業大門，可能只是配件，象徵你具備特定產業的知識和承諾，例如金融服務業的特許財務分析師、國際認證理財規劃顧問（Certified Financial Planner），昭告當事者的能耐。

對某些人來說，各校程度不同會影響觀感。每一門專業服務領域都各有特定的教育地位排序，你是耶魯大學法律系、哈佛商學院或是史丹佛電機系畢業生嗎？若是，你就被貼上有能力的標籤；若你不是精英學校出身，也不代表你不聰明，就只是你無法享受名校光環而已，意味著你得付出更多一些，才能向客戶展示你的聰明與能力。

對某些人來說，可信度或許意味著，「你的穿著打扮、言行舉止有模有樣嗎？」每一門職業都有打扮與彰顯形象的特定方式。對投資銀行產業而言，定製套裝與Jimmy Choo鞋品才體面；對廣告與科技業而言，牛仔褲與休閒鞋才是主流。你的外觀有助形成潛在客戶對你的第一印象，也有打造或打壞你的可信度之效。

當道格在東岸的商學院求學時，投資銀行、管理諮詢商和《財星》前一百大企業是最賣力聘用畢業生的業主，他們都預期學生會穿上最稱頭的套裝前來面試。你很快就會被這些大公司依據「看起來有模有樣」的標準掂完斤兩，倘若你的穿搭走鐘，可能就別想接到下一關的面試電話。

到了第二年，其中一家求才企業是西岸的大型軟體公司。在當時，能進入這家公司代表你很酷，所以學生大都垂涎這個可以搶進的大好機會。每一名學生都穿上最合身的套裝參加面試，唯獨保羅例外。他進入研究所之前都住在西岸，因此多少比一般學生更了解科技業的文化。他棄紐約的老字號品牌布克兄弟（Brooks Brothers），改穿牛仔褲與馬球衫參加面試。最終保羅拿到這份唯一的工作機會。是因為他穿牛仔褲嗎？可能不是；是因為他了解科技業的文化嗎？頗有可能；是因為他鶴立雞群並顯得有獨創性的嗎？或許如此；他是全校最優秀的人選嗎？很難說。這則故事的重點在於，當你從零開始打造自己的可信度時，穿著打扮、言行舉止至關重要。

客戶可以倚賴你順利完工嗎？

客戶會自問一道簡單的問題：他們覺得你和你的團隊能搞定任務嗎？答案一翻兩瞪眼。如果肯定，那就繼續；如果否定，那就不放行。

潛在的客戶可能知道一家公司（他們聽聞你），知道你在某一門特定的垂直產業中活躍（他們理解你的工作內容），而且手上正好有一顆燙手山芋亟待解決（他們感興趣）；但遲早在某個時點，他們必須確信你能完成交辦工作。他們一邊看著你，一邊動腦筋權衡利益以及與貴公司打交道的成本。要在什麼時候，潛在客戶心中的天秤才會朝你擺盪過去？

- 相信你能夠為他們的專案增添重要價值。
- 相信你貢獻的經濟、戰略、政治和情感利益，超過財務、職業、情感和時間投資與風險。
- 相信你實際上能夠辦到你打包票的承諾。
- 相信你的團隊相較於其他選擇是最佳方案。

當他們看到你的身分，搭配你完成過的任務，加總起來得出「你有高機率能為他們的公司提供價值」這樣的結論，**正如你一向以來的表現**，這時天秤就會擺向你了。

戰術——哪些做法有效

以下是客戶評估你的表現紀錄之道，以及這麼做對你而言意味著什麼。

你夠舉足輕重嗎？

客戶會自問：你是否曾為其他規模相當、在同一個地理區域營運和／或涉足某一門特定產業的客戶完成過類似任務？當你和潛在客戶交談時，往往都會很想要端出同一套故事或個案研究，畢竟你很擅長溫故知新，聽者也都覺得引人入勝。不過這是懶人招數，最好是針對自己希望服務的潛在客戶量身打造一套故事或個案研究。沒錯，他們希望聽你聊聊高調的輝煌紀錄，但更感興趣聽你回述曾為情況與他們相近的企業完成哪些任務。

就說你擁有一家在六州開設一百二十六家門市的連鎖咖啡集團好了。你想重新調整旗下門市的銷售安排，所以最近正在面試經營諮詢顧問。每一名面試者都端出成果當作個案說明，其中一家曾為東南部的硬體連鎖店重製、為英國的快速休閒餐廳設計，還為一家下轄一萬三千處據點的國際便利商店連鎖集團完成銷售安排。第二家是從星巴克內部銷售團隊中脫穎而出，已經為二十多家連鎖咖啡品牌以及十幾家果汁及冰沙店做過銷售配置計畫。你覺得哪一家對客戶比較有吸引力？具有相關經驗的前星巴克團隊贏面可能比較大。還記得我們說過，打造利基地位可以幫助潛在客戶記得你嗎？你的經歷夠聚焦也有助於拿下案子。

你有良好信譽嗎？

潛在客戶不僅會問你以前是否完成過同樣的工作，更會追問做得是否出色？別人如何評價你？

老前輩都喜歡說「交付銷售」，亦即，你的工作品質就是你的聲譽所在。

我的所有生意都來自推薦和回頭客。就這麼簡單。因此，漂亮地完成交辦任務是關鍵，因為你若能漂亮地完成交辦任務，老客戶就會一再回籠，推薦也會源源不絕上門。我想這一點說來既簡單，同時也很複雜。當你獲得機會，請卯足全力漂亮地完成交辦任務，但千萬也要為自己留一點餘地；當你有機會被轉介給其他人時，務必要喜笑顏開地與對方暢談。永遠記得多方嘗試，即使買賣不成也要盡力提供協助。

——安東尼顧問（Anthony Advisors）創辦人／總監葛萊翰．安東尼（Graham Anthony）

漂亮地完成交辦任務，是一種憑藉口耳相傳的神秘元素。你漂亮地完成某一家客戶交辦的任務，之後當他們的朋友看到、而且很中意你的工作成果，或甚至表達需求時，你的客戶就會說：「我應該幫你聯絡他們。我強烈推薦他們。」

你一再聽到明確打造影響力有其必要。你為客戶做出什麼與眾不同的成果？扎實的數據總是比軟趴趴的貢獻聲明鏗鏘有力。想想投資人如何評斷菲爾與湯姆，以前你們為股東賺了多少錢？表現紀錄是未來成果的最佳預測指標。

▼跟催：如何撰寫吸睛的簡報

卡莉．布琳（Carlie Breen）已經打過五百通自我介紹電話，她有一套與陌生人交談的獨門招數，因此成為天生容易交朋友的高手。她注意到一件事，即當三十分鐘的自我介紹電話結束之際，差不多是潛在客戶明白應該進入下一階段的關頭，這時通常會出現一小段意味深長的停頓時間。潛在客戶很少會這樣說：「聽起來很不錯。我們要怎麼開始？」比較可能出現的狀況是把你打發走。

卡莉說：「他們會想要留一點空白時間想想你剛剛說的話。」這時候就是進入「簡報」階段了。

「你有沒有簡要記錄一些描述自己工作內容的短文，或許還包括你曾經為其他客戶完成的任務？」這是你打一通自我介紹電話給你認為可能有機會提供專業服務的對象，雙方聊完後最常出現的尾聲。對方基本上會要求你提供一份闡述服務內容的手冊。

「他們會想和其他團隊成員談談，但同時也想測試你。你們多快扭轉局面？工作成果的品質好嗎？我們試圖至少趕在下一個工作日寄出一套簡報。」卡莉說。

漂亮的簡報包括以下四大要素。

- **能力陳述**：你能採用老奶奶聽得懂的方式清楚解釋你的工作內容，並盡可能聚焦說明你已經就定位，在自己擅長的利基市場成為最重要的領導者之一嗎？這時，你的觀眾已經不是當初和你在電話上閒聊的對象，而是收到這套簡報的同事或主管。你必須能夠僅用一些印刷文字，就足以向他們解釋自己的價值主張。

- **個案研究**：這是你從經驗庫中萃取而成的精華，用以闡述你曾經在相似的情況下如何協助其他公司。請確保範例都有重要意義。倘若你在簡報裡拿《財星》五百大企業中的三家做代表，身為小公司的對方就會納悶，他們相對沒沒無聞，而且資源少得可以，這種規模的成功經驗可以複製在他們身上嗎？同理，如果你獻寶的所有個案都是小型客戶，一家大公司就會懷疑你是不是小孩玩大車。卡莉建議，一份出色的個案研究要包含你之前接受客戶委託完成的任務、你實質執行的內容，還有你最終為客戶帶來的投資報酬率。
- **可信度專頁**：業界有一句話是這麼說的：「沒有人會因為聘用IBM被開除。」客戶手握亟待解決的問題，但是當他們和你打交道時會需要空優支援。他們不想因為挑選一家沒有表現紀錄、也沒有任何背書介紹的企業，來擔負解決重大難題的責任，導致自己被迫出面捍衛立場——這可能是讓他們丟飯碗的特快車。簡報裡的可信度專頁，就是你置放所有現在與過去重要客戶企業商標的頁面。以前你合作過的客戶，有助你打造今日的可信度，這代表別人可以相信你有能力完成自己打包票的承諾。
- **聯絡資訊**：這部分看起來有點蠢。你在簡報中附上一封明載聯絡資訊的電郵，一旦發送就只能聽天由命了，有可能轉呈到你不認識的對象手中，因此請確保你有附上聯絡資訊。

你有合適的團隊嗎？

客戶會自問：我們即將和什麼人共事？埃森哲一名專案經理曾建議湯姆，將自己和團隊成員的簡歷放進專案提案裡。「對方會想知道他們在和什麼人共事。如果你不放進讓人印象深刻的簡歷，他們就會自己腦補最壞的狀況，把你們想成一堆路上隨便湊齊的粗漢。」切記，團隊成員的簡歷一定要涵蓋相同元素如下。

● **你的教育程度如何？**當你在銷售信任財，客戶往往得先相信未知的結果，教育程度即是能力的代名詞。所有湯姆曾經共事過的夥伴裡，最聰明的代表是北維吉尼亞州某個郊區大郡的郡長，但他沒念過大學；這不打緊，只是比較難推銷。一般來說，代表教育程度的指標越多越好：學位、高等學位、發表論文、執行課程、兼職教授職位、研究所顧問委員等，所有項目都形同發出信號，證明你既有能力也跟得上時代。萬一你不像美國犬業俱樂部認證的純種狗一樣系出名門，該怎麼辦？那就訴諸你的經歷。湯姆的朋友拿下維吉尼亞州費爾法克斯郡的大案子，因為打從他十八歲開始繪製地圖以來，就一直提供郡政府完善的服務。網路安全專家通常根本沒有任何學位，但就是有能耐拉著你徹夜暢談他們找到的漏洞，以及後續為客戶所做的修復。

- **你的頭銜為何？**客戶會仔細瀏覽網路與領英，以便了解未來的合作對象程度如何——究竟是資深、經驗豐富的老手，還是生嫩的菜鳥？雖說這種比較對新手不甚公允，也可能太高估年資較長的專業人員，但客戶告訴我們，資歷至關重要，因為在沒有其他衡量標準的情況下，它就是可信度的代表。
- **你的專長為何？**專業人才只要闡述一項利基能力，就能主張自己擁有某個領域的專長。

寶拉．艾伯哈特（Paula Everhardt）是阿凡達（Avatar）的資深總監，一九九九年以前則在惠普（Hewlett Packard）擔任收入保障副總裁。全美前二十五大金融服務公司中有十五家是她的客戶，長年為他們執行專案，壓低損耗率落在二一％至三六％之間。她在哥倫比亞大學商學院開辦數據分析課程，也曾投書《會計與財金期刊》（Journal of Finance Accounting）數篇文章，探討大數據驅動更高收繳率的文章。她曾就雲端收入保障這道主題接受商業媒體《富比世》、《彭博》與《華爾街日報》採訪，而且定期在收入保障專業人士會議之前發表演講，更是全球收入保障專業人士協會（Global Revenue Assurance Professional Association）前任主席。艾伯哈特女士以特優成績畢業於密西根大學羅斯商學院，並擁有東密西根大學會計學學士學位。

要是聽到寶拉將為你經營的地區銀行系統設計並執行收入保障計畫，你會有何反應？你會喜出望外。

你有多少經驗？

客戶會問：**你從事這項工作多久了？**這是你的長期核心競爭力嗎？還是你只會回答：「沒問題，我們辦得到。」請列舉所有你曾完成的任務，即使有些是你留在前東家的績效。客戶會從你過往的績效推斷未來可能為他們做到什麼地步。數據越多越好。

你有紮實的專業知識嗎？

客戶會問：**你知道自己在說些什麼嗎？**作家兼開發業務顧問福特．哈汀在著作《造雨術》這麼說：

> 當我聘用專業人士時會想指名業界專家。出版物可當作真、假實力的證明之一。出版作品讓我得知作者必須具備豐富經驗，而且有能力比一般人更深刻反思自己的事業。在所有其他條件相同的情況下，文章的重要性將超過對方的自我評價。

數位媒體領導廠商投資士（Investis）執行長唐恩・史凱斯（Don Scales）表示：「你得具備真材實料，否則引領全球風格也沒有半點好處。」

判斷有沒有料有兩種方法。其一是自己先成為專家，並採納業界標準來評量。假設你為醫學院校招聘教職員，卻遇上連四家醫學院校的名號都叫不出來的同行，這時你就知道他們只會滿口胡說八道。另一方面，如果這些同行也為約翰霍普金斯大學、貝勒（Baylor）醫學院校招聘，你可能對他們留下深刻印象，而且很快地就會另找時間、地點討論了。

下文是一段從報紙剪裁下來的簡歷。值此動筆之際，美國總統川普才剛剛任命一位新律師為他辯護。來看看泰伊・柯布（Ty Cobb）自家網站如何描述他：

賭上公司存亡的訴訟，需要涵蓋技巧、經驗和表現紀錄的獨一無二組合。泰伊・柯布長期領導霍金路偉（Hogan Lovells）律師行，已為業界公認是全球首屈一指的白領、證券管理委員會執法及國會調查律師，客戶管理危機、貪汙指控與其他關鍵議題，都會尋求泰伊指導。二〇一五年，業界專刊《超級律師》（Super Lawyers）在特寫文章〈堪薩斯之寶〉（The Kansas Peach）中觀察到，泰伊是「威權人士想要倚靠的大人物」。「泰伊・柯布走老派路線取得成果。」IBM前任總法律顧問羅伯特・韋伯（Robert Weber）說。「他願意承擔艱苦工作，做到連指甲縫都塞滿髒汙。他努力不懈，而且深切關心客戶。」

我們非常喜歡「賭上公司存亡」這句說法。當你遇上天大的難題會信任誰幫你解決？當然是多年來一直在收拾這類爛攤子的高手。這是因為**過往績效等同於未來績效最佳預測指標**。

我們判斷專業知識的第二種方式，是依靠代理人的信任票。請細看上文，泰伊・柯布的行銷部門同事高度倚賴第三方說法來佐證泰伊的專業知識。我們會有一種感覺：既然《超級律師》與IBM前任總法律顧問都推崇泰伊是高手，那麼他一定是我們可以倚賴的對象。

你的簡歷看起來如何？

第13章 五號要素：我相信你

◎你把我的最大利益置於心中

二〇〇三年四月，隨著伊拉克自由作戰行動（Operation Iraqi Freedom）強力剷除前總統薩達姆·海珊（Saddam Hussein）與他的復興黨政權，中東地區戰火激爆。在空軍突擊隊對著總統府漫天撒下砲彈後，湯米·法蘭克斯（Tommy Franks）將軍派出突擊隊發動入侵。隔天的黎明時分，他下令聯合軍隊從科威特邊境附近的偏僻據點一舉攻入巴斯拉省（Basra province）。

與此同時，英國皇家海軍陸戰隊（Royal Marines）、美國海軍（U.S. Marines）、波蘭突擊隊隊員和海豹四、六、八隊從海上登陸，確保伊拉克唯一的深水港及石油和天然氣資產安全無虞。接下來就是一波波衝著海珊的部隊與控制設備而來的額外空襲。四月九日，巴格達政府垮台。

美國和伊拉克軍隊都在異常艱鉅的情況下投入戰爭，其中化學武器攻擊威脅如影隨形，不過當美國大兵堅忍不懈地往前推進時，伊拉克士兵只能節節敗退，大舉白旗。戰爭揭開序幕時，退役的陸軍中校王藍尼（Lenny Wong）博士已轉赴位於賓州卡萊爾市的陸軍戰爭學院（Army War College）服務，他目睹機會出現。軍方領導人有意知道，為何大兵願意打仗？因為戰鬥才剛發生，而且還有大量現成戰俘，王博士決定迅速訪問美國和伊拉克軍隊，比較雙方的動機，看看他們究竟是出於愛國主義、追求正義、金錢報償、源於報復，還是因為身不由己？動機不同會導致行為不同嗎？

他的研究小組飛往伊拉克，第一站是位於南部烏母蓋斯爾（Umm Qsar）的布卡營地（Camp Bucca），在此他們訪問伊拉克戰俘。然後他們移師巴格達與希拉（Al Hillah），訪問第三步兵師、第一〇一空降師與第一海軍師。

他們得到的結果真叫人驚呆了，王博士寫：「對於伊拉克正規兵來說，入伍是強制規定。」他們之所以打仗，是因為害怕如果不照辦，不曉得會發生什麼事。

但是對於美國阿兵哥來說，王博士和他的團隊卻聽到截然不同的反饋。「最常聽到有關戰鬥動機的回應是『為我的同袍而戰』。阿兵哥的回答多半像是『我和我的彈藥裝填手聊過這個話題，在戰鬥時你唯一真正擔心的事情，是你和你的隊友』。」

他們的發現結果，與越南戰爭、第二次世界大戰甚至南北戰爭期間進行的類似研究一致。人類會願意固定好身上的刺刀，猛攻加強防御工事的丘頂，或是跳出散兵坑衝鋒陷陣，其實不是為了什麼宏大的目標，更多是出於對朋友的忠誠。他們的朋友才是最終讓他們兇猛地投入戰爭，甚至是最終做出犧牲決定的主因。

這引出一道問題：為什麼軍隊是為同袍投入戰爭，而非為了上帝、國家或金錢？

王博士的團隊推測兩大原因。「第一，阿兵哥之間聯繫密切，因此每一名大兵肩上都承擔一定責任，即實現團體成功，而且要保護部隊免受傷害。阿兵哥自我感覺，雖然個體對團隊的貢獻可能很微薄，但依舊是單位成功的關鍵要素，因此也顯得很重要。正如其中一名阿兵哥所說：『我是布萊德雷步兵戰鬥車裡軍階最低的小兵……我不想讓任何人失望。』一位布萊德雷步兵戰鬥車指揮官談到隨行車體後方的步兵，以及他自覺對他們負有責任：『有兩名士兵押在隊伍後方，完全看不見前方出了什麼事，只能把信任託付給炮手和布萊德雷步兵戰鬥車。無論眼前是出現什麼物體、障礙、坦克或車輛，你全都轟翻了就是。他們就像置身暗無天日的密室，完全不知道前面出了什麼狀況，無能為力。有了這一份信任……我想這就是讓我繼續前進的動力。』」

這些大兵們努力為彼此奮鬥的第二個原因，就是看照彼此算是一種自保形式。一名美國大兵說：「如果你要去參戰，就要學會信任身邊的同袍。如果你和他結成朋友就會知道，他不會讓你失望……他會盡全力確保不讓你翹辮子。」

信任涉及的三大要素

信任他人的觀念由來已久，它讓夥伴依靠另一名夥伴，就像肌腱一樣把生命共同體聯繫在一起，讓他們得以共同完成單憑一己之力辦不到的事，也讓團隊更強大，並保護個人免受外部威脅。

西北大學凱洛格管理學院行銷學教授肯特・格雷森（Kent Grayson）專門研究信任，對他而言，在商業環境中，人與人之間的**信任涉及三大要素：能力**、**誠信**、**仁慈**。這與我們在上一章中討論的內容密切相關，亦即，當我們談及信任時經常會說：

- 我相信你會完成工作（即格雷森所稱的能力）。
- 我相信你會罩我，這裡所謂的「罩我」就意味著潛在客戶認為你很誠實，而且會為他們的利益著想（套用格雷森的話就是誠信與仁慈）。

其中一層是「動腦筋」的判斷。我們在上一章討論過這一點，並稱其為尊重你的表現，也就是在評估過相關證據，好比是你的各種證書、表現紀錄以及你的參考資料後，很可能會願意和你合作。這種信任是在權衡各種證明聰明才智的指標，讓買家得以做出明智的判斷，預測合作夥伴的未來行為。

「我認為說到底就是信任。」安東尼顧問總監兼創辦人葛萊翰．安東尼說。「顧問有沒有能力圓滿達成任務？客戶相信，如果他們帶著問題去找你，你會幫他們搞定。」

信任的另一層，是「博感情」的判斷。這時你不會問業務主管是否有能力完成工作，而是他們會不會將你的利益放在第一位。葛萊翰說：「你相信對方會衷心盼你一切安好嗎？」

貝恩諮詢公司如此形容第二層信任：「我們的所作所為都依循指導方針的真北向（True North），亦即信守永遠為客戶、員工與社群做正確事情的堅定承諾。」

當客戶聽到並真實感受諮詢和專業服務合作夥伴的真心誠意時，就會對自己聘雇的公司將會以客戶利益為優先來採取行動感到安心，也會相信顧問就是他們利益的實質代理人，因此可信賴他們的影響範圍。

在諮詢專業領域中，諮詢顧問是會議室裡最不重要的成員，這一點不言自明，因為客戶的利益凌駕一切。諮詢顧問必須始終以客戶的最佳利益行事，絕不做出任何可能傷害或損害客戶的事情……諮詢顧問占據優勢地位：可以接觸大量有關客戶的內部資訊，也擁有影響客戶企業與決策者的立場……他們必須有自覺對客戶確保以下事項：（一）絕不為惡；（二）始終為客戶的利益服務。

——管理諮詢專家摩根．威策爾（Morgen Witzel）

西北大學的格雷森教授表示，當買方或賣方濫用資訊不對稱的局勢時，信任就會瓦解。某位生技公司執行長想要找出一種最佳方式，將大批中階經理納入他們正協助創造的長期價值中，於是她聘請一位在開創股票選擇權方案具有特別豐富經驗的薪酬專家。我們的客戶處於資訊劣勢，聘請顧問是因為她並不真正了解股票選擇權裡裡外外的實情。一旦顧問建議長期、參與性地研究股票選擇權需要哪些要素，藉此提高專案牌價，這時信任就會被打破，因為該顧問明知此案的公司實際上只有兩種選擇。

信任就是一切

客戶必須相信我們會為他們做出正確的事情，有三大原因。

一、**信念跨出一大步**：你是電腦安全專家，但客戶不是，這就是為何他們尋求你的協助。倘若客戶自己花上一輩子研究網路安全，目睹過各種想像得到的駭客攻擊，那他們根本就不需要你了。但實情是他們並非專家，因此考慮與你打交道。不過，光是做到這一點，信念就必須跨出一大步。事實上，如果你花點時間想想就會知道，他們懂得越少，需要跨越的幅度就越大；跨越的幅度越大，他們感受到有一天可能會因此丟飯碗的恐懼就越強，每天都得咬緊牙關、夜不成眠。得到大量讓他們心生尊敬的數據，確實可以在一定程度上減輕這種擔憂，但還是需要先搭好一座完全建立在信任之上的橋梁，他們才願意完全承諾。

二、**讓每個人都避開利益衝突**：對客戶來說，與信任你的能力高度相關的需求，就是需要信任你已經引領他們避開利益衝突。真正的專業人士絕不會在未揭露董事會成員背景之前，就貿然大力推薦某項軟體解決方案，因為那種做法會產生利益衝突。律師也不會代表互有衝突的兩造當事人，不然律師要站在誰那邊？知道有人會在背後罩著的關鍵之一，就是我們擁有基本信心，知道我們的顧問不會私下「為敵方工作」。

三、**帶來更優異的表現**：客戶即使只是在潛意識中也隱約知道，透過信任而凝聚的團隊更有成效。對意圖不明的擔憂，就像在商業傳動系統中和稀泥一樣。正如華倫．班尼斯（Warren Bennis）、伯特．耐諾斯（Burton Nanus）在《領導：負責任的策略》（Leaders: Strategies for Taking Charge）中所說：「信任是潤滑劑，讓組織得以運作。缺乏信任的組織不僅僅是一種異常，根本就錯戴組織之名，是一種卡夫卡式想像力的朦朧生物。」

戰術——哪些做法有效

你建構人際網路時，請留意以下七大經過驗證的信任構建要素。

時間

當你在建立信任基礎時，時間就是你的盟友。在所有條件相同的情況下，我們信任具有老交情的人遠高於剛認識的人。讓客戶反覆接觸專家才能建立熟悉度，進而建立信任。

我們撰寫本書期間訪問過一名造雨人唐恩．史凱斯。當年道格一從商學院畢業馬上進入科爾尼服務，唐恩就是他的主管，現在則是投資士執行長，浸淫管理諮詢領域超過三十年。對唐恩來說，信任是不可或缺的資產，需要長時間培育。他提供新手以下建言：

信任是建構在一次完成一樁成功的交易基礎上。假如你是第一次向新客戶銷售產品，信任將是你最大的挑戰。你得確保自己行事透明、時時溝通，而且客戶隨時能掌握進度。要是你第一次就做成漂亮的交易，第二次就會比較容易，第三次就更易如反掌，依此類推。這一切全都始自一次完成一樁漂亮的交易。

正如尊重的核心要素是預測某人工作表現的能力，驅動信任的要素便是預測某人能否看照你的能力。人類是型態識別的動物，某人在背後看照的時間越長，客戶就越有可能自行推斷出這種模式，並放心讓你繼續進行。難怪諮詢和專業服務業的專家告訴我們，最簡單的開發業務建言就是「端出優質成果」，因為一旦你得以登堂入室，信任就會為你的競爭力築起一道藩籬。

想當然耳，信任需要耐心。

當年我第一次進入澳洲和亞洲市場時，亞洲根本不存在任何業者的工作地圖上。我總是建議美國人不要太快就試圖衝向終點。美國人的文化像是「讓我們開始談生意吧」，而非願意花時間和精神認識對方。我覺得美國人需要深呼吸冷靜下來，花點時間建立關係。

——諮詢商克萊利歐（Clareo）董事總經理彼得．布萊恩特（Peter Bryant）

朋友的朋友

諮詢和專業服務公司有三大新業務來源：與現有客戶完成重覆任務、旁人推薦，以及與你毫無關係的新客戶。

哈利．華萊士老是喜歡說：「如果你必須在接下來的三十天內開展業務，永遠會從現有或以前的客戶找起。」信任是陌生的服務提供商必須跨越的門檻。假若時間緊迫，你就會打電話給曾經合作過而且信任你的對象，以免淪於最艱難的困境。同理，多數業務指導也了解，如果潛在客戶的公司裡面沒有自己的人脈，想搶占一席之地很困難。

介於兩端之間的地帶，即是引薦發揮作用的空間，好比客戶在一場雞尾酒派對中向朋友提起一家能幹的供應商。有些諮詢和專業服務提供商已經打造強力的業務能力，但與客戶談話之前從未問起：「我正在努力擴展業務。如果貴公司滿意我們提供的優質服務，會建議我應該找誰聊聊嗎？您介意我告訴對方是經由您引薦的嗎？」

貝恩合夥人傑夫．丹尼恩（Jeff Denneen）說：「對我們來說，一切都是互相引薦，畢竟我們就是發明淨推薦體系（net promoter score）的公司。」淨推薦體系是一套衡量標準，依據客戶對以下問題的回答評分：「你向親友或同事推薦我們公司／產品／服務的可能性有多大？」這個問題主要是品質的代名詞，亦即顧客若給供應商高分，代表他們滿意自己接受的服務；但它也突顯一項事實——潛在的引薦機會內嵌在優質交付任務的過程中。

即便當曾經在客戶公司與你合作的某人離職，繼續維持關係仍然是比較不費事的做法；如果沒有不妥的話，你甚至可以協助他們找到下一份工作。這種做法有助打造信任。有什麼說法會比「即使不符合你的自身利益，但你依然會看照他們」的實際行動，即協助某人找到下一座舞台更有力？

並肩工作

諮詢和專業服務業的好處不易描述，親眼見證比較容易理解。聰慧的業務領導會尋找與人們一起工作的機會，因為知道這是展現能力的大好時機。而且在長時間沒有隔閡的空間裡共事，或是深夜裡你來我往的閒聊中，每個人的個性都會一覽無遺。

做正確的事

這一點似乎顯而易見，即你應該永遠為客戶做正確的事。但在現實世界裡，「正確的事」通常伴隨著各種灰色地帶。做出何者為是、何者為非的決定，往往涉及付出最小成本換取最大效益的邊際思考。因此一旦做決定的時刻迫近時，堅守保護客戶立場很重要。

> 客戶必須信任你。它們必須相信你會善盡本分、會投入其中，而且會切實履行自己承諾完成的目標。它們必須信任你誠實、正直……這樣一來，你交付的任務才會真正符合你承諾完成的目標，也是業界所能提供的最佳成果。
>
> ——莎拉．阿諾（Sarah Arnot），曾歷練埃森哲與管理諮詢商史賓沙（Spencer Stuart）

請謹記，客戶正盯著你、估量你，一次只做一個小決定。信任是由諸多印象累積而成。

- 你是否迅速回報壞消息？
- 當意外發生，你是否自掏腰包呼求援軍？
- 你是否縮短自己的假期，以便配合一場對專案經理而言很重要的簡報任務？

- 你是否留宿價格合理的飯店，而非在城裡最高級的餐廳用餐？
- 當你得將出差在半路上的員工喚回解決問題，是否會自己吸收意料之外的成本？
- 你是否留意到你的利害關係人需要管理內部的政治問題？
- 你很謹慎地保持信心嗎？
- 你是否將客戶的需求放在第一位？

客戶就像一名正研究你如何出招的橋牌玩家，會研讀未來你可能如何採取行動。在每一種情況下，你要如何回答上方所列問題，這就是一種性格解讀。

麥肯錫一位資深合夥人與我們分享這則故事：

客戶就特定主題找上我們，但是當我們在初期發想自己獨特的價值主張為何時，領悟到兩件事：其一，他們花時間或金錢找我們完成任務，其實並不划算，實際上有一家商業夥伴更適合他們，碰巧還是我們的競爭對手。我們回到他們面前說：「我們認為敝公司不是能在這方面為貴公司提供服務的合適人選，但我們相信，以下三件事你們應該要納入考量，而且我們很樂意接手第三件（事）。」客戶都驚呆了，因為他們已經打算要簽名開工。

這不是一項有競爭力的提案，但他們表現得像是：「我們想要你們接下這樁案子，趕快答應然後開始幹活了。」不過我們的合夥人卻主動婉拒——這就是我們麥肯錫人稱為「展現價值的時刻」。我被這句話強烈感染。隨後在一段時間裡，我們贏得備受對方信賴的顧問地位。他們之所以相信我們，是因為當眼前有一筆輕鬆入袋的生意，我們卻沒有強行推銷服務。

▼說實話的價值

當說實話意味著可以爭取到更多的生意時，這麼做很容易。但有時候，真相意味著告訴客戶一些不符合你最佳利益的事情。這時候，我們保障客戶長期利益的承諾將會益發璀璨，因為我們的客戶知道，對我們來說，不透露內情其實比較容易，我們卻沒有那樣做。建立信任沒有捷徑。

真誠處理錯事

搞砸案子永遠不是什麼好事，因為它意味著坦承自己的過失、臉上無光、錯失時機、無法計入費用的時間，以及你和團隊成員在幾巡烈酒席間的尖銳對話。但這種場面仍有一線希望，它可以是一個快速、不含糊的機會，讓你們順勢接下全面和完整的責任，也是彌補錯事的好機會。

湯姆曾是連鎖麵包店大豐收的營運長，他記得，每當有客人退貨烤壞的麵包時，門市老闆都會稱他們是「擀麵板天使」。這些門市老闆會告訴湯姆，每當有人退貨，就相當是一個機會冒出來對他說：「謝謝你如此關心這家店以及我們的產品，因此願意讓我們知道實情。」也等於是給他一個機會，提供顧客「十大塊免費烘焙產品」卡片，藉此取代怨聲載道的酸客，反而創造出一位狂熱的粉絲，將顧客的滿腔怒氣轉化成滿臉笑意。

搞砸工作也不例外。這種局面難以避免，但同時也是一道黃金機會，可以向客戶傳達其實你萬分在意、確實把他們的利益置於心中，而且不僅不會矇騙他們，更會視這段關係為珍貴之寶，長期而言需要悉心呵護、用心投資。

良善意圖

你可以喋喋不休地談論產生信任的行為，但是到頭來，你的心意才是最重要。

如果你格外極力嘗試銷售一樣產品、一紙合約或一套專案，我相信你會一敗塗地。買賣全靠信任、關係與關心，也就是關心這門生意，關心這位真正打贏一場曠日持久商戰的對象。倘若他們看得出來你在乎，你就贏得信任了。

——埃森哲資深董事總經理戴夫．史密斯（Dave Smith）

「關心」假裝不來，因為它是一扇窺見個人本質的窗戶。當客戶感覺到你關心，也就是你在生活各方面對待他人都像是希望自己被對待的方式，它們就會信任你足以代表他們深入市場，針對他們最棘手的問題提出忠告，並擔起解決差錯的代理人。親眼目睹你關心是建立信任的先決條件。

現場見面

人類藉由聽覺、觸摸、嗅聞、品嚐和觀看四周汲取身邊的一切資訊，我們與人為伍並估量彼此。實際上，越來越多研究顯示，人類採納五官同步發揮作用蒐集而來的資訊，將對方「切成薄片」以利判斷。我們是電話和視訊會議的粉絲，它們是可以發揮建立信任的作用沒錯，但只靠打電話、開視訊會議來建立信任所花費的時間，遠多於當面溝通。與潛在客戶同桌進餐，是和他們建立信任最古老、最可靠的手法之一。不過，千萬不要趕進度，信任無法速成。先打一、兩通電話給對方，然後才試探看看：「我過一陣子要去聖地牙哥，想藉這個機會一睹真容，閣下願意賞光嗎？」

第14章 六號要素：我有能力

◎我有預算可以買

道格約一家專業服務商的執行長喝咖啡，這家小而美的公司持續成長，十五年來表現優異，已在業界立下口碑。

執行長說：「我們想為IBM做案子。我們可以幫助他們。我知道我們辦得到。」

道格盯著他的美式咖啡，不太有把握該說些什麼。IBM的全球營收接近八百億美元，但這位客戶要是能突破四百萬美元就阿彌陀佛了。請求提供行銷建議是一回事，助長他人癡心妄想卻是另一回事。

客戶儘管看到道格的表情也沒被嚇倒。「我們想爭取任何客戶都辦得到。你等著瞧。」

道格笑著想起那場咖啡約。

最終那位執行長真的爭取到IBM，但不是憑運氣，而是付出道道地地、貨真價實的努力。我記得他們做的第一件事，就是聯絡想要合作的部門營運主管。他們讓實習生花了半個晚上在網路搜出對方的電郵信箱，接著就發信詢問，但沒得到回應。不過這一步只是起頭而已，當這一招沒效，執行長打電話給所有熟人，試圖找到正與ＩＢＭ合作、有能耐指導他們朝正確方向前進的領路人。

這一步至少有點成效。他找到一名以前曾在其他公司共事、目前獨立創業的女士，她正為ＩＢＭ內部某個單位做諮詢。他和團隊成員重新與她建立友誼，並大手筆出價二〇％佣金，請她協助打入ＩＢＭ。「妳為我們領路，我們就很樂意付這筆錢。」她確實很厲害，安排與看起來像是正確對象的工作人員開過好幾場會議，但不知何故，一直沒有什麼具體進展。執行長開始感到沮喪，ＩＢＭ似乎經成為一種可望不可及的聖杯。他很確定，就他所見所聞的ＩＢＭ策略來說，他們公司的產品將是完美匹配，他對自己贏得ＩＢＭ業務的能力擁有絕對信心。

就在那時，執行長的公司裡其中一位資深合夥人，決定聯繫他在領英發現的ＩＢＭ營運部門高階主管。對方和他之間僅是隔著好幾名共同朋友的關係，不過他倆在網上展開一場對談，主題似乎是繞著商業與共同愛好的美式足球之間打轉。這種往返的形式持續一年後，這位ＩＢＭ主管說他想要和合夥人通個電話聊聊，雙方談及業務目標並交流專案提議。又過了六個月，道格的客戶終於在漫長磨合後拿到ＩＢＭ這隻大象的專案。

這位執行長告訴道格：「重點來了，雖然打入ＩＢＭ很難，但它真的是適合的對象。我們為他們交出漂亮的成果，現在他們準備擴大我們職掌的任務。有時候你就是得不斷嘗試，直到找到對的人為止。倘若我們一聽到『謝謝再連絡』，就當作是他們的最終答案，今天就沒有機會協助他們了。」

這一切，都與找到正確的窗口有關。

能力審查

在一家企業內部找到正確的窗口是一門藝術，而不是意志或科學行動。客戶唯有在知道你是誰，了解你的工作內容，感覺到你的工作內容和他們的目標高度相關，覺得你能勝任這項任務，而且信任你，他們才會掏錢買。不過光是這樣還不夠，他們也需要能夠啟動合作的開端，而且時機必須剛剛好——這兩者就是本章與下一章的主題。

在銷售領域，要詢問一名潛在客戶能否**有能力**與你進一步商談，這一門遣詞用字的藝術就是「資格預審」。邏輯如下：別花時間在乾涸的洞穴，先鑽一個洞試試看會不會冒出油，會的話才投入資源。

依直覺而言，我們知道資格預審如何運作。假設你現年五十六歲，長期拱著背使用筆記型電腦以至於有點駝背，手指上沒戴結婚戒指但看得出戒痕，當你走進一家保時捷跑車經銷商門市時，他們會讓你試駕九一一車款，因為你看起就像會認真考慮購買的客人。但倘若你才十六歲，布滿臉上的青春痘像是天上的星群，加上鬆垮的褲頭卡在超低部位，根本別肖想他們會讓你試駕。

凱倫．史溫（Karen Swim）是一位具有二十年經驗的公關與傳行銷傳播專家。她是自創公司用對字（Words for Hire）的執行長。她是一位出色的作家，能在含蓄、精雕細琢的散文中捕捉到真理的本質。她在最新發表的部落文章中，總結了一套在浪費太多時間與客戶談話之前就能先確定出對方規模的技巧。

我預先將每一道機會的資格定出以下門檻。

一、評估是否真的有商機

有時潛在客戶只是在進行「非正式探詢」，但有時很明顯他們公司內部根本就無法提供購買的預算。他們是否試圖蒐集資訊作為槓桿，以便從現有供應商取得更划算的價格？他們是否正蒐集資訊，以便決定將來可能有一天而非當下會想要採用公關服務？在最糟糕的情況下，「潛在客戶」根本無意聘用外部顧問：他們只是希望找到一名不知情的公關專業人士，願意在提案中給出一些不用花錢就可以得到的點子。你一開始先旁敲側擊打探一下，將有助發現潛在客戶的動機。倘若你很走運的話，就會發現他們真的很想聘用你。

二、確定合適

對方公司的文化是否與你的文化一致？期望是否實際？在資格預審階段，潛在客戶通常會提供有關人事與內部架構如何組織的線索。你也可以問問對方的目標及衡量的方式，通常答案就能透露出許多內部文化的限索，以及他們對你的期望。

三、確認是否有預算

許多獨立諮詢顧問都不太敢開口提出這道問題，但大可不必膽怯！預算象徵承諾，讓你可以確定工作範圍。「貴公司是否明確編列公關／傳播服務的預算？」這是專業問題。

如果機會符合條件，對方也要求過目提案，我就會進行更深入的提案前訪談，這道初期步驟可確保書面提案的價值。我採用這道過程，雖然使我寫出的提案沒有那麼多，結案率卻高得多。

凱倫這篇部落文大有道理。倘若潛在客戶根本沒有興趣購買、有一大堆瘋狂期待，或是根本沒有預算，短期內在它們身上花太多時間可能意義不大。

《亞瑟法則》作者兼詹斯勒公司創辦人亞瑟．詹斯勒這樣說：

> 重要的是，你要與可以做決策的賦權主管隔桌對坐。如果對方無法掌控選擇，那就爭取原來的聯繫窗口幫你背書，請他引導你找到可以做決策的正確人選。
>
> ——《亞瑟法則》作者亞瑟．詹斯勒

儘管上述建議十分中肯，但重點來了：你先毫不留情地預審資格，才決定要不要和對方打交道，相較於你相信這是一門種什麼因、得什麼果的業務模式，應該要畢生投資時間經營人脈，這兩種做法是完全反其道而行，出自截然不同的理念。

事實上，我們認為「應該及早預審買家資格」的觀念多半大錯特錯。當然，潛在客戶必須有能力向你購買，亦即他們得同時握有權力和預算，但我們發現，跟沒有權力、預算的對象打交道，往往是找到決策者的唯一方式。

我們有些同業享有為小客戶服務的優勢，因而有跟創辦人或執行長坐下來喝咖啡、順便達成協議的機會。但其他同業則是和橫跨業務、地理與專業功能三大條件的超大型組織合作，在這類組織裡，憑個人之力就能單方面決定與我們打交道的例子很少見；更精確地說，即使他們可以單方面決定與我們接觸，而且有權力和預算這麼做，事實上也不常見，因為它們重視同事的建議，渴望帶進合作夥伴、直屬部下和其他利害關係人參與。在二十一世紀，優秀的經理人鼓勵團隊廣泛參與已是不言而喻的管理之道，制定決策的過程若非團體運動般齊心協力，就是混沌初開般的一場爛仗，全視當天狀況而定。

現在回想起來，我看到自己一直都低估聘用諮詢顧問的過程，這是一道職業風險。我明明知道獎項越大，風險也越高，但現在才能在情感層面上領悟。如今我明白在內部向全體遊說非常重要，不能只針對單一個體著手；我也理解你必須採取某種直白、易懂的方式，對某人的同事推銷你的建議。我現在知道，要是某人正考慮聘用我們，當下他心中想的是：「要怎麼做才能讓組織裡的其他人接受這項決策？」

——華特．希爾，曾歷練麥肯錫、埃森哲

小心狹窄定義預審造成的誤判

如果你公司的服務是提供高階數據分析結果給積極避險供應鏈的客戶，或許你真的不該向當地乾洗店老闆兜售產品。但是在高規格篩選之外，急於排除技術上來說沒有能力購買的潛在客戶卻是一項錯誤。事實上，我們認為採用任何狹窄定義預審企業與經營階層的資格，都會造成誤判結果。理由如下：

> 根本沒有人有能力購買你的服務；根本沒有人有預算。至少還沒有。狹窄定義會把他們全都排除在外。但是他們全都會買，只要提供一件**夠吸睛的個案**，他們就能提出預算需求。

想想以下資格預審的對話。

「認識你真開心。你似乎很關注供應鏈分析，而且專注優化你的避險策略，在我們的經驗中不常見。我想冒昧直問，你是否有預算、有權限可以決定和我們公司初步接觸？」

你無需進一步讀下去了。答案不言自明。

「我想多找幾個人加入評估。而且老實說，上頭要求全體組織削減開銷。明年的狀況可能不一樣。」

從上述答案來看，這名潛在客戶是否通過資格預審測試？沒有，但我們會說，你要是就此排除他，就是腦袋有問題。你提供專家服務，這是你得畢生經營一個特定人脈圈才能提供的服務，這可不像是賣軟體，會有個老闆放低身子，探頭在你耳邊算計每小時打幾通電話、銷售漏斗收益有多少。

一個更好的問題是：「在什麼情況下，這名潛在客戶會採取行動？」

採購的魔術公式

一般來說，客戶會回報有機會採購的時機，是有人提出可獲得高額投資報酬率的提案，而且他們正處於能對商機招兵買馬的合適水準。這套魔術公式就是：

高額投資報酬率＋利害關係人的合適水準＝有能力

近十年來，湯姆一直在私募基金產業擔任發現者。他就像是獵狗，負責啣回捕獵的鴨子，也就是可以讓人獲益豐厚的投資標的。

他扮演的那個角色必須奔波全美國，因而賺到太多航空里程數，也學到一些關於啟動業務的心得。「如果一家公司賺錢，就會發放現金給股東，或是做投資推動成長。要是執行長決定採用後者路線，或是對外尋找成長資金，就必須了解內部的報酬率動態。假設你開設四家新門市，每一家都花費一百萬美元，關鍵問題在於它們得花多久時間才能損益兩平、開始產出利潤？長期報酬率又如何？在一個調整過風險的基礎上，他的做法會比股東可能在其他商機中找到的獲利機會來得好嗎？」

湯姆經常聽到企業主在尋求資金期間發出哀嚎：「沒人接受股權融資，風險創投與私募基金公司都只聚焦大城市。我們需要更多獲取資金的管道。」

湯姆認為這種觀點錯了。根據他的經驗，如果發現能產出高額報酬率的商機，資金將會破門而出、不遠千里而來，不惜以不自然的方式自我扭曲，只求有機會投資。對資金而言，問題在於好的交易不夠多，亦即高績效的商業模式付之闕如。看看貝恩在二〇一六年的《全球私募基金》（Global Private Equity）報告裡怎麼說：

挹注資金有難度，加上持續加碼的投資人對私募基金資產類別熱情高漲，導致已募集但尚未投出的水位創下歷史新高，目前全球所有私募基金類型總計已達一兆五千億美元。

你沒看走眼。共有一兆五千億美元在一旁虎視眈眈，想要注入那些能夠證明自己懂得賺取高額投資報酬率的公司。你坐在曼哈頓的半島酒店吃早餐，鄰近私募基金合夥人點了價值二十美元的燕麥凍糕，然後你偷聽到年復一年的相同碎念：「天底下再也沒有什麼好案子，太多資金投入使得報酬都流失了。」

他們指的是，資金渴求獲取高額投資報酬率的機會。

我們這些諮詢顧問與專業服務供應商所期望服務的客戶亦然。雖然我們的客戶更可能是在明尼亞波利市中心的辦公大樓工作，而非有能力在曼哈頓第五十五街與第五大道交叉口的半島酒店用餐，但他們的擔憂並無二致。

他們不討論已募集但尚未投出的資金或自有交易流程的需求，而是問：「我應該要求預算嗎？」以及「我該怎麼花錢才能為公司帶來一點進展？」然而，兩件事性質相同，都在呼求有吸引力的報酬率。

報酬率與對應的時間

投資報酬率是一道簡單的概念：花了多少錢，以及這樁投資獲利或省下多少錢？但在某些方面，投資報酬率是一種會產生誤導的計算方式。這樣問比較好：「報酬率是多少？」再追加時間點。

一年內賺取五〇%的報酬率當然好過二〇%，時間長短有差。這就是為何每當我們與潛在客戶討論採納我們的服務以便協助他們時，對方就會回問投資報酬率，我們則這樣回答：「以多久時間計算？」

有趣的是，對我們談起投資報酬率的高階主管，這時就會閃躲這道數學題，反而端出制式說法來混過投資報酬率計算：「我的老闆會怎麼想？」、「這麼做會讓我成為英雄嗎？」、「我會不會搞砸飯碗？」、「如果我不這麼做，無所作為的代價會有多高？」、「業界裡其他人怎麼做？」、「我要如何為這套計畫編列預算？」

儘管這些說法全都軟弱無力，驅動潛在客戶有能力針對你的提案採取行動的邏輯，始終是：「這套專案將產出什麼樣的效率，或是這將如何提升我們的營業額？」這種報酬率的邏輯永遠不變。

我們很快就會開始討論怎麼瞄準組織內部的合適位階人選，但完全可以肯定的是，極低風險的高額報酬率契機將會引起注意，這種案子會讓菜鳥和老闆在員工自助餐廳用餐時興奮地拔高音調討論，也會讓長字輩集結下屬週末討論。

相信私募基金專業人士的說法吧。全世界都在找高額報酬率的機會，你幫你的客戶打造一個，他們就會一湧而上。

找上合適位階的人選

如果你的目標是花一輩子經營一套人脈網絡，談話對象就沒有高低之別。不過在任何組織的任何一天裡，總是會有一些人占據最佳位置，而且願意向下屬、同事和公司老闆擁護你的服務。你將會需要他們的支持，因為沒有人是憑空獨力做出決定。

> 當你鎖定大型企業時，決策權不如小企業那樣明確。隨著決策過程變得更複雜，決策權就會散布在更多人之間。
>
> ——《會計、法律、諮詢和專業服務行銷的基本策略》（101 Marketing Strategies for Accounting, Law, Consulting, and Professional Services）作者特洛伊．瓦（Troy Waugh）

你在嘗試確認組織中的關注對象時，請留意兩大風險。

瞄準的位階太低

你穿上最稱頭的藍色西裝外套去參加一場業界研討會，之後好整以暇地前往雞尾酒會，準備與潛在客戶交談。你在酒吧等著拿一杯飲料，開始和鄰座的年輕人攀談；他身上的皇家藍色西裝往上提得太高了，以至於你都看得到他腳上的條紋襪子。你覺得自己有點老氣，不過和他聊天很愉快。事實證明，他正是為你想要服務的公司賣命。你要怎麼做呢？

- 預審他的資格並繼續前進？公司對了，但他的層級不夠。
- 和他聊聊，然後問他老闆是否也在現場，可以引見雙方嗎？
- 還是視他為合作夥伴認真討論，引領他了解未來，並詢問他對全球發展方向的看法，之後再跟進寄給他一篇與他所說內容相關的有趣文章？

正確答案是最後一道選項。你的工作是建立關係，畢竟你不知道所有關係往後會將你帶往何方。與你交談的這名小夥子，可能是下一間熱門初創公司未來財務長；可能會因為發揮才幹，得以在你的利基目標市場經營一個部門；或可能僅僅是往後你可以訪談並獲取資訊的對象。請記得收下他的名片，一星期後打通電話給他：「很高興認識你。我在想是不是可以徵求你的意見。我想為貴公司略盡棉薄之力，應該找誰談這件事？」

你是否覺得自己很努力在這個世界立足，所以只應和同輩交談，不用和「小人物」攪和？這樣想就大錯特錯了。在市場眼中，我們一律平等，人才與洞見才是贏家，資歷、年齡或頭銜根本不算什麼。請對待他人一如你希望他們對待你的方式。當你二十六歲時，肯定極度渴望和經驗豐富的諮詢顧問來一場深刻對談，若能夢想成真，即使過了多年你依然會銘記在心。

瞄準的位階太高

有趣的是，對諮詢和專業服務專家來說，這個問題更棘手。我們和大型複雜組織打交道時，常常被政治手段搞得萬分沮喪，往往會想直達天聽解決難題。不過就跟瞄準的位階太低時一樣，直達天聽這套策略多半會功敗垂成，因為大多數決策根本不是掌握在長字輩手中，而是在個別部門與單位。

沒錯，你們公司的創辦人和執行長都在享有特權的預備學校念書，但多數情況下我們銷售的對象是「零售業務負責人」或「法遵總監」，他們才是組織裡負責解決問題的人。「領導者無所不能」是一種迷思，即使貴為執行長亦然。所有買家都置身同一套生態系統，即使對方只是一名自營商買家，她也會需要回家找另一半討論這筆錢究竟是要用來建置新網站，還是要用在下個月返鄉探親。你的工作是聚焦下述事實：決策者往往是一群人而非一個人。

戰術——哪些做法有效

確定客戶是否有能力聘用你是一項高度講究人情味的任務，意味著你需要高度的一對一的人際互動技巧。效率專家也沒辦法數位化、自動化、外包代工或簡化這個重要步驟，你得學調查記者一樣思考、行動，提出大量問題。

每每談到確定潛在客戶是否有能力聘用你時，首要之務就是知道要預先周全思考哪些重要議題。這些想法是經驗豐富的造雨人所具備的第二天性，亦即每當一段業務關係即將初具雛形，幾乎就自動在潛意識發生。對開發客戶的新手來說，這些對話可能聽起來很尷尬，就好像你約某人出門去跳舞一樣，不過你大可不必擔心，客戶很習慣聽到業務夥伴問起未來的計畫。

你與潛在客戶發展新關係時，請謹記以下幾大關鍵問題：

一、我們的潛在客戶是組織裡合適的對話人選嗎？她負責的領域是不是我們的工作會發揮影響力的部門，或者她正好是正確人選的下屬？

二、你是否認識組織裡其他有能力影響最終聘用決策者的人？你也見過這些人嗎？

三、她的預算或籌資能力，是否符合你的慣常規費？

第15章 七號要素：我準備好了

◎時機正確

「你打這通電話的時機正好。我很高興你主動聯絡。」

這句話聽在雅各耳裡真是太中聽了。

「中了！」雅各在企業內部溝通平台Slack上寫信給約翰。他倆分別坐在自己的辦公室裡，戴著耳機，身體前傾專注聆聽這段對話。沒有什麼話會比潛在客戶告訴你此時行動正是時候更令人振奮。

「先讓我和相關同事聊聊再說。不過我們一直在尋找這類倡議。」

二〇一〇年電影《樂下星情》原聲帶裡有一首娜塔莉・韓比（Natalie Hemby）和特洛伊・瓊斯（Troy Jones）合寫的單曲〈時機就是一切〉（Timing Is Everything），歌詞提醒我們：

當群星一字排開
你把握住良機
大家都說你是走好運
但你知道其實是上天恩賜
它可能瞬間發生
也或許姍姍來遲
時機就是一切

與潛在客戶打交道時，壞時機是一道無法逾越的障礙，好時機卻能為你打開閘門，讓你快速採取行動。

雅各是賺錢點子交易所營運長，他說：「當一家組織被賦予動機之後，就會很快地展開行動，迅速的程度往往讓我大開眼界。資金會從不知名的地方冒出來，案子在幾個小時內就獲批准，幾天內就完成簽約程序。」

通關的原因往往多變而且不受既定規則束縛，諸如：

- 執行長下達新方向
- 意外冒出來的預算
- 團隊成員增加（或離開）
- 年底前必須花光預算
- 放完長假回歸工作崗位
- 激動人心的主題演講

時機決定了成功或挫敗

正如時機正確的話，專案可以迅速發展，要是遇到錯誤時機，那就像鄉村歌曲吟唱威士忌加上失去的愛與破爛卡車，沒有什麼遭遇會比這一幕更慘了。你和某個人相談甚歡，也覺得你的專業肯定能幫得上忙，但最後還是聽到對方說：「時機碰巧不對。」

這種結果實在太令人沮喪了。對方只能告訴你，出於某些他無法掌控的原因，計畫無法推進。他向你保證真的很想參與，但還沒準備好。他回報，預算週期、股票價格和領導階層變化這些制度性強制因素，碰巧在這個時候發生，因此創造出眼前這個無法取得實質進步的環境。

這套說法讓我們想起一則關於湯尼・坎培涅拉（Tony Campenella）的故事。湯尼是一名住在舊金山碼頭的管理顧問，但這是假名；我們使用假名是因為結局不太美好，你往下看就知道了。

湯尼對我們說：「我的目標是在三十五歲時成為合夥人。我很清楚這條路了無新意，你得像是在礦井中敲打碎石，商學院畢業後先做幾年單調乏味的苦差事，製作各種試算表單與簡報檔案，然後開始領導專案團隊。要是我能展現強力交際手腕，我會更常被送出去面對客戶，向他們做簡報，專心照顧並服侍顧客。但走到這一步就碰到天花板了，假使我想成為合夥人，就得要會銷售。」

我們問他：「怎麼做？」

「我與一位資深合夥人討論，想學會以前在他身上很管用的做法。他說：『找同輩之間最聰明的對象交朋友，務必保持聯絡。每次只要你有機會造訪他工作的城市，就找他一起共進晚餐。隨著他們一路攀爬職涯階梯，就會開始給你越來越多的生意。』」

我們說：「聽起來像是還滿可靠的建議。」

讓我們偷聽一段湯尼試圖銷售專業知識的經歷。

「我鎖定一名商學院女性同窗。她真的是天資聰穎，而且在華盛頓州雷蒙市做得有聲有色，在公司裡掌管產品發展小組。我問她是不是可以通個電話聊聊，她說好。她對我解釋，她的團隊正試圖釐清大數據可能對他們的業務產生什麼影響。我回問她，假設讓我們這支外部團隊進入內部為她評估結果，聽起來是否有道理？她說可能合理，不過也警告我，她非得要到年底才可能採取行動討論合約。

「『還沒確定下一場會議之前，絕對不要離開現場』，這句話在我腦海中響起。於是我提議，我組織一支團隊飛去當地，主要是和她的員工坐下來了解他們面臨的問題，這樣一來，一旦他們準備就緒，我們或許就能更好整以暇地參與其中。

「她聽到我的提議真的很開心。我則是大喜過望。老兄，我整個人都振奮起來，我當合夥人的人生目標就要達成了。我安排一場九十分鐘的面對面討論，會前我們團隊還先腦力激盪一番。我們大家都十分清楚，到時要單刀直入提出非常有見地的問題，充分嶄露我們在專業領域的知識。也許我們會分享一、兩則其他客戶的親身經歷，但絕對不會『求售』，得使出銷售技巧裡最軟綿的話術。我要說：我們只是想要提供幫助。

「開會的日子終於到了。我們登上地平線航空在清晨六點二十五分的航班飛往西雅圖，十一點左右抵達他們的辦公室。整場會議的結果遠優於任何人的預期，真的就是大家同心協力解決問題。對方專屬的做法很聰明，我們自創的做法不同，但也很聰明。兩支團隊相輔相成。你看得出來，雙方截長補短可以做出漂亮的成績。

「我朋友說的最後一句話是：『謝謝你。這次開會真是太棒了。我手上還有些事情得先處理，但我會很開心地與你們大夥一起工作。請再等我一段時間。組織內部正在重整，而且我們正好在置身水深火熱的預算規劃週期，因此可能還會再花上幾個月。』

「我真是樂翻天了。我第一次真正涉足開發業務，就打了一場勝仗。但我覺得這是因為走運，不是因為實力。

「但合作最終告吹。六個月過後，就在我提醒自己務必和對方確認進度的兩個星期前，竟在產業專刊上看到消息──我們的頭號競爭對手與她的團隊合作引領數位化轉型。我被淘汰出局了。

「我等了三個星期才再度送信給朋友。三十秒後她打電話給我。『湯尼，我本來就想打電話給你。我們真的很喜歡你們團隊，但另一支團隊剛好在一個月前插進來。我們這個部門新來一位主管，他真的覺得對方很犀利敏銳。』聽完我只覺得心灰意冷。」

與潛在客戶開展合作是雙方共同努力的結果，若想成功配對，時間點就必須拿捏得恰到好處。湯尼已經準備好與商學院同儕進一步合作，卻因為乾等幾個月錯過時機。倘若他在對方公司的新主管剛上任、開始思考新方向之時，便親自登門拜訪，或許還有機會做成生意。

單單只是因為你急著想要和客戶打交道，不代表對方也已經做好準備。行銷大師賽斯・高汀（Seth Godin）稱呼這種過時的模型為「干擾行銷」（interruption marketing）。一九八八年，他在商業雜誌《快企業》（Fast Company）中發表文章提出以下觀點：

> 行銷是一場爭奪目光的競賽。三十年前，你只需開口要，別人就會把目光轉向你。因為你打斷了他們收看的電視節目，所以他們就聽聽你說些什麼；你在高速公路上豎起一塊廣告看板，他們就會瞄一眼上頭寫些什麼。但現在這些招數都不管用了。
>
> 當干擾的數量沒那麼多時，這套干擾行銷的模式其實非常有效。好比說你在教堂輕拍某個人的肩膀，對方就會轉頭看你。但是現在我們的生活充斥太多干擾源，我們也就無法再享受被干擾的樂趣。於是，我們的自然反應就是忽略這些干擾……
>
> 干擾行銷正漸漸讓位給另一種新模式，我稱之為許可行銷（permission marketing）。對企業來說，挑戰在於說服消費者自願上鉤。你告訴消費者一些有關公司及產品的情報，他們會回饋一些關於自身的資訊；你再多說一些，對方也就回饋多一點。長此以往，你就會打造一種互蒙其利的學習關係。許可行銷是不受干擾的行銷手法。

雖然高汀設定的對象是消費者產品公司，你則是想和最能發揮服務精神的對象連結，但他的觀點與你的努力息息相關。根據定義，你與對方的接觸，多半發生在你自己方便的時間點。「我在想，把孩子們送去露營期間，我會寄出探討歐洲審計改革的白皮書。」但無可避免的是，你的電郵送達潛在客戶的收件匣時，對方正好也在享受共進晚餐的天倫之樂；他們正好走進一場在布拉格召開的行銷會議、參加兒子在戴維森（Davidson College）學院的畢業典禮、檢視旗下部門在董事會的簡報，或是終於有空接受切除胃袋內部有莖息肉的手術。

麥克．舒茲、約翰．E．杜爾與李．W．菲德列克森是專業服務行銷公司造雨集團（RAIN Group）合夥人，他們都說：

> 儘管你可能希望縮短銷售週期，但採購複雜、重要，而且是基於信任的服務很花時間。唯有當買方的需求跳升到待辦事項清單（需求時間令人難以捉摸）的最上方，她才會想到你，最初的線索也才可能開花結果。
>
> ——《專業服務業行銷術》共同作者麥克．舒茲、約翰．E．杜爾與李．W．菲德列克森

阻礙客戶購買服務的路障

我們都希望與潛在客戶的第一次互動，能像賽道上的奧迪超跑R8一樣加速前衝，但更常見的情況是像開著一九九九年出廠的福特皮卡車，在凹凸不平的泥路上一路彈跳。常見的路障包括：

人事變動

- 「我想打電話告訴你，我就要離開這家公司了。」
- 「我們剛剛才找到一位新的執行長，眼前一切動作得先暫停，直到我們知道他打算帶領我們朝哪個方向前進。」
- 「我目前正試圖就這道特定議題聘用專家。我想要先搞定這件事，與對方商量好之後再回頭和你共事。」

組織重整

- 「我不確定你聽說了沒，但我們正從全球設立辦公室的模式，轉成全球業務單位的模式。」

- 「我希望先開展這樁收購案，之後再共事。」
- 「我們正在進行大規模合併。我不確定以後會擔任什麼角色。」

業務重心調整

- 「藥廠定價醜聞爆發後，我們的股價重挫。在我們看清整起事件的餘波之前，沒有人打算做任何計畫……」
- 「我們的財務長才剛剛下令全面削減一〇%成本。我們都不想裁員，所以這意味著沒有預算可以聘雇外部顧問。」
- 「我們得先釐清稅制改革是否會發生，在此之前不會採取任何重大舉措。」

優先事項卡位

- 「我喜歡這個點子，但我們得先完成全球產業評論報告。」
- 「我們一直卯盡全力做好電機電子工程師學會暨美國計算機協會（ACM / IEEE）超級運算大會。讓我們等形勢明朗之後再聊。」
- 「我接著就要在全球飛來飛去。坦白說，我不確定秋季之前是否有足夠餘裕管這件事。」

替代品或競爭者出現

- 「我們正與其他幾家公司討論這一點……」
- 「我聽說藍溪公司也在做類似的事，不過他們是將調查客戶視為他們的做法其中一環。」
- 「這筆錢必須來自我們的廣告預算，可是現在我們正在大力推行品牌重塑工程。」

無聲殺手

- 「我現在真的不能仔細講，但這裡正在上演權力鬥爭。」
- 「我們必須獲得研究部門負責人支持，他通常討厭外包。」
- 「有個供應商違反了與我們的協議，於是財務長現在都對多數顧問說不。」

組織內自營

- 「這一點正是我們商業模式的核心，我覺得我們不應該假他人之手。」
- 「我認同你會是這項專案中超給力的專家，但我想我可以整合內部資源解決這道問題。」
- 「在引進增援部隊之前，我想先給自己的團隊一次機會。」

價格談不攏

- 「這個價格對我們來說可能無法接受……」
- 「我們有辦法先小規模試做嗎？」
- 「我們永遠無法提供那種承諾。你有沒有做過某種收益分享協議……？」

錯失契機

- 「雅頓女士稍後就要出門旅行。她得取消後續討論的電話。」
- 「看起來他們沒有依約來訪。他們真的有接受邀請嗎？」
- 「我們可以在第三季時再登門造訪嗎？」

戰術——哪些做法有效

你很熟悉上述這些路障，它們全都可能在你開發業務期間憑空冒出來。將人員和資源兜起來以便創造價值，這項工作沒那麼簡單。

請**耐著性子**。你身為主導利基市場的顧問或專業服務供應商，分內之務就是打造並擔保一場專家與那些可能受益於專業見解的對象充分對話。這是一份終身職志，請不斷對自己說：「人生路還很長。」因為真的還很長。你不會知道群星何時會一字排開，也不知道協作的機會何時會像木星一樣在夜空升起。

請**繼續提供服務**。只要提醒自己，你不是在向潛在客戶推銷，你是在幫助別人成功。報酬將會順理成章而來。要是有人告訴你，他們還沒準備好要加入，他們其實是想說：

- 我知道你。
- 我了解你的工作內容。
- 我有興趣和你聊聊，因為你與我的優先事項息息相關。
- 我知道你有能耐。
- 我相信你會看照我。
- 我有能力採取行動。
- **只不過你建議的時機不太巧**。

所以，不要窮擔心，你很接近通關了。接下來你只需要不斷增添價值，發送文章和連結，向對方提議介紹可能對他們有所幫助的人給正確的窗口，將他們納入晚餐與你贊助的最佳實務圓桌會議，並且在造訪當地時登門拜會。

保持聯繫。如果你沒有繼續聯絡，對方對你的認知就會慢慢淡化。你曾在紡織大學協會上完成一場關於紡織品再利用的精彩簡報，但那已經是四年前的事了，所有人早就忘得一乾二淨。請認清事實，總是會有幾十道閃閃發亮的全新目標，閃現在你的潛在客戶眼前，你得與對方保持聯絡，無論是偶爾寫寫短文、喝杯飲料或是轉寄部落文，就是要把你的名字刻在他們心上。

就算潛在客戶沒有一開始就聘用你，他也不是在拒絕你。每個人做決策時，都會面臨不同的情況和不同的時間表。

——《會計、法律、諮詢和專業服務基本行銷策略》作者特洛伊．瓦（Troy Waugh）

二十世紀初心理學家赫曼．艾賓浩斯（Herman Ebbinghaus）畢生致力理解記憶和遺忘。他首創「學習曲線」（learning curve）的說法。他發現，當我們第一次接觸某個主題時，學習效果最顯著，其後隨著時間拉長而遞減，而且就算再多幾次接觸，對總體記憶量的影響也會越來越小。艾賓浩斯描述的是我們現在都已經知道的事實，也就是開展某項工作時，第一天總是最困難，因為要不停接收大量全新資訊，為此我們得竭盡所能地努力吸收。

對全世界的諮詢顧問和專業服務專業人士來說，他還描述了堪稱壞消息的「遺忘曲線」，亦即他發現，隨著時間拉長，總體記憶量會像指數起落一般下降。儘管接觸一小時、一整天後會呈現顯著減少，但前二十分鐘驟降最快。

「我昨天遇到的那個人叫什麼名字？」

也很糟糕的另一點，是艾賓浩斯描述的「序列位置效應」（serial position effect）。人類既有初始偏見，也有近因偏見，這兩個煞有其事的術語是在說，就某一道特定主題而言，我們只會記得第一個和最後一個相關人士，其他過程中出現的男女老少，無論是那名執筆白皮書、在研討會上演說、帶他們去用餐或事後寄上感謝回函的人，全都看過即忘。再次提醒大家，搶當第一名當然很棒，但別忘了湯尼的教訓，搶當最後一名或許可以讓你變成最好。

切記要**時時尋找當下的正確契機**。通常在諮詢和專業服務領域，你會向一家擁有自己特定工作週期的大型組織銷售，包括規劃、預算週期及充斥著興衰榮辱的宮鬥政治運作生態。請跟上對方的節奏，絕不要撇除潛在客戶，絕不要忘記或可稱為「專家服務第一守則」的定律：**沒有人需要諮詢顧問，除非真有必要**。

客戶遇到無法預料的危機或機遇時才會需要諮詢顧問，這句話的關鍵詞是「無法預料」。你第一次拜會對方時，他們根本還看不到和你打交道的必要，然而，當暴風雨即將來襲，他們就得開始尋求保護傘了。懂得長期投資一段關係，因而最貼近這道大好機會的專家，方能在重要關頭凱旋而歸。請務必與潛在客戶保持聯繫。

▼燃燒的平台

戴洛．康納（Daryl Conner）浸淫變革管理領域長達幾十年，撰寫過幾本頗獲好評關於管理變革時期的書籍，包括《快速變革之下的管理》（Managing at the Speed of Change）。他發明「燃燒的平台」這個說法，比喻源於外部的力量如何創造採取行動的緊急必要性。

一九九八年七月某日晚間九點三十分，蘇格蘭海岸北方海岸的阿爾法（Piper Alpha）石油鑽井平台驚傳災難性的爆炸和火災。在北海石油勘探五十年歷史中，這場至今堪稱最慘重危機導致一百六十六名船員及兩名救援人員喪生。倖存的六十三名船員中有一位是鑽井平台負責人安迪．莫坎（Andy Mochan）。他在醫院時回顧，當時他被爆炸和警報驚醒，身受重傷還是奮力從宿舍逃到鑽井平台邊緣。他身體下方是浮在海面上熊熊燃燒的石油，還四散著歪七扭八的鋼鐵片和其他碎片。

因為海水溫度低，他知道，如果跳海二十分鐘後還沒被救起，他恐怕難逃失溫而死的命運，儘管如此，安迪還是從相當於十五層樓高的平台上跳下去。當別人問他為何採取這種可能致命的一跳，他毫不猶豫地說：「不是跳海求生，就是被等著烤熟。」他選擇可能致死好過必死無疑。安迪縱身一跳，因為他覺得自己別無選擇，畢竟留在平台上等待救援的代價太高了。

我聽到這一則故事時，開始從中聽到某些元素……讓我想起訪談期間聽到的某些評論，其間有諸多相似之處。高階主管都會口徑一致地說：「無論過程多麼艱難或令人恐懼，我都得讓改變發揮作用。」

戴洛的專業是探討組織如何改變。他的洞見在於，組織唯有需要時才會變革，亦即「不是跳海求生，就是被等著烤熟」那一刻。然而，他非常清楚，這不代表我們應該圍著潛在的威脅提出論述，以便創造改變的需求。「有關燃燒的平台這套觀念，有一道最普遍的誤解，那就是領導人應該刻意操縱資訊或環境，以便製造緊急狀態。實則不必如此。」

然而，這是諮詢顧問和專業服務供應商的共同信念。他們的觀點是，推動潛在客戶做好準備的方法，就是要創造急迫感。

「八七%的大專院校已被成功起訴員工對學生性騷擾。你有什麼培訓計畫可以防範這種情況？」

「區塊鏈技術將從根本上改變報稅方式。你準備好順應改變了嗎？」

兜售「燃燒的平台」這類觀念以便催化客戶採取行動的做法，正好和成為值得信賴的諮詢顧問反其道而行，畢竟諮詢顧問的角色是致力為客戶的長遠利益做打算。這樣的話，你如何提出一道可能為客戶預見的風險呢？請從他們公司的具體情況開始，按部就班導出結論，而非從一般情況跳到特殊情況。

「我們看到，貴公司的搜尋引擎優化並未真正優化，根據我們預估大概漏失四〇%可用流量。我們可以協助你抓回那些眼球。」這種說法遠優於，「九三%電子商務網站都被優化搜尋字眼的競爭對手甩在後頭了。貴公司的平台是否優化過？」前者是陳述事實，後者則是操縱資訊。

經營諮詢或專業服務公司的持久挑戰之一是預測營收。就算領導階層要求客戶規劃團隊做出一〇％成長也無濟於事，因為想要「確定」何時可以收攏客戶、真正開始新合作，簡直需要施展未見先明的靈通力。我們有一位朋友是貝恩的資深合夥人，專為大型企業提供策略諮詢，他說：「這是一門吃太撐或餓到昏的生意。業績好的時候，你看得到未來六個月的前景，但也就這樣了。這就是為何頻繁裁員成為這門產業特有的現象。」

面對市場前景不明，只有一道防禦工事有用：善盡本分、廣結善緣、打造人脈，並衷心相信公司隨著時間拉長會發自內心開始對價值產生濃厚興趣。事實上，他們都渴望著價值。當你邁開腳步去找對方打聲招呼，當下他們或許還沒準備好接受這份價值，但長遠來看，這種伴隨著專業知識與豐富經驗而來的真實價值具有磁吸力。它就只是需要一點時間才會起作用，因為，正如鄉村歌曲所說：「時機就是一切。」

集結七大要素，

付諸行動

第16章

鏈結的強度取決於最脆弱環節

◎善用七大要素當作診斷工具

湯姆曾在連鎖麵包店「大豐收」下廚烤麵包。他記得，一份食譜可以同時用到鬆軟與緊實的材料。你可以在麵包裡填入蔓越莓和核桃，或是碾碎的胡椒和帕瑪森起司；你可以換掉全麥麵粉改用裸麥；你也可以拿糖漿換掉蜂蜜。組合千變萬化。

但你同時也必須謹遵食譜步驟，否則最終只會從烤箱裡拿出一個黏糊糊、淡而無味的麵糰。事實證明，食譜雖是發揮創造力的平台，羅列必需、充分條件也因此不容踰矩。食譜有四大功能：提醒烤麵包的人必須在碗中放入哪些成分、循序漸進地一一組合所有成分、指示烤麵包的人每種成分的使用量，最後是描述從攪拌、揉捏、發酵到烘焙的必要過程。

麵包的最簡單形式是由五種成分組成：麵粉、酵母、鹽、水和含甜物質，即商學院所謂彼此獨立、互無遺漏（mutually exclusive, collectively exhaustive），亦即每種成分都是獨立個體，聚合時就變得完整、互不可缺。各種成分之間既沒有模糊或重疊地帶，也沒有任一種必要元素會被遺漏。

我們在本書中列出客戶考慮購買的七大要素與讀者分享，並相信在諮詢和專業服務這個領域中，你汲汲營營於銷售漏斗式的各種活動，其實爭取不到新業務，與潛在客戶站在同一陣線的同理心為起點才是正道。這份同理心要求我們，從「潛在客戶親身參與之前需要些什麼」這道觀點出發來審視購買過程。唯有做到以後，才能繼續提問：「當潛在客戶試圖滿足七大基本需求時，我該如何支持他們？」

請將這一點視為一套策略性的業務開發配方，並確保滿足潛在客戶的七大基本需求，就像你把所有烘焙食材放進碗中一樣。

- 如果客戶參與之前需要先了解你，什麼才是確保他們**知道你存在**的最佳方法？
- 如果客戶需要**理解你**的工作，如何能夠最詳盡解釋你的專長？
- 如果客戶需要優先完成手上的工作，你如何協助連結自身的能力和對方的目標？你如何連結上他們的**利益與興趣**？
- 如果客戶需要知道你有能力完成工作，你如何向他們掛保證？雙方建立**尊重**關係的基礎何在？

- 如果客戶需要**相信你**把他們的最佳利益放在心上，你如何打造一段強調**信任**的關係？
- 如果客戶需要得到發動合作的權限，你如何建構內部專案、提供對方參與的**能力**，以便大力支持？
- 一旦客戶**準備就緒**要採取行動時，你如何維持聯繫，確保自己於關鍵時刻就在他們眼前？

三大類型服務公司應做的正確舉措

所謂配方不單指彼此獨立、互無遺漏元素，還包括比例建議。例如，食譜會明言我們應該添加多少蜂蜜才能活化、餵養酵母。七大要素協助你發展業務的運作之道亦然。正如原料使用比例可能隨著不同的麵包配方而異，不同元素各自應強調的比例也將根據你提供的服務類型改變。

在我們的經驗裡，無論你從事法律、會計還是管理諮詢工作，專業服務公司大致可區分三大類型：長案型、急案型與優化案型。且讓我們一一細述每一種類型：

一、**長案型**：這類服務供應商會復一年地和客戶年年持續合作。其中一個例子是專門準備稅務的會計師，或是檢查、執行所有新員工背景調查的人力資源顧問。

二、**急案型**：這類專家總是在關鍵時刻及時出手救援，試想那些專門從事遺產規劃的稅務律師、專門處理第七章《破產法》的轉型顧問，或是專門服務高身價客戶的離婚律師吧。他們不會依據時間表反覆與客戶接洽，通常是遇到緊急偶發事件才接觸。

三、**優化案型**：這類服務供應商協助客戶更完善了解自家業務的某些特定面向，通常是增加收入、降低成本或減少衰退風險。他們或可改進某一家客戶的內部網絡安全、強化某一家客戶的成長策略，或是優化一套全球供應鏈。他們和急案型供應商不同，參與程度是自由裁量，沒有需要他們即時回應的緊急狀況。好比我們需要更新自家的網站，可以今天就做，或等長假過後再說，端視現金流水位而定。

	認知	了解	興趣	尊重	信任	能力	準備程度
長案型供應商	V				V		
急案型供應商		V		V			
優化案型供應商			V				V

理解自己置身哪一種服務類別，可以協助你聚焦該領域最關鍵的元素。雖然所有七大要素都很重要，我們觀察到，有一些關鍵因素可以驅動每種特定服務類型的參與程度。

長案型服務公司

他們提供持續或週期性的服務，例如稅務專家。多數情況下，每一家公司每年雇用一名會計師準備稅款；業界都是註冊合格會計師所以資格不重要，這位專家是誰才重要。由於重覆性工作的本質具有標準化特色，長案型供應商通常很難在業界做出差異化，其面對的挑戰若非在於怎麼挽留長期合作的客戶，不然就是如何促使現任客戶加碼。這就是你為何經常聽到會計師事務所抱怨價格競爭，以及為何對於註冊財務策劃師的出現，他們的回應是會造成能力下修的「比爛競賽」。

對我們來說，長案型供應商必須高度專注於確保客戶了解、信任他們，這就是許多當地的會計合夥人會在志工團體的董事會擔任財務主管的原因——他們試圖讓新買家認識自己，同時也和他們可能有機會服務的對象並肩合作。另一方面，對長案型公司來說，興趣與準備度等元素通常不是問題，一般而言，長案型企業的工作內容很容易理解，受聘的註冊會計師也都符合資格，這是業界共識。客戶的主要問題是「我認識你嗎？」和「你會挺我並維護我的利益嗎？」

急案型服務公司

這類型的服務公司則是緊急接到通知要出面救火，很擅長危機管理、破產、系統崩潰、公關災難和局面急轉直下的情況。急案型服務供應商必須具備的關建要素是理解與尊重，他們面臨的挑戰是如何明確表達自己的利基能力（你做的事情正切合所需嗎？），並建立高水準的可信度（你是萬中選一的對象嗎？），所以當緊急情況發生時，他們是客戶腦中第一個浮現的專家。

急案型服務供應商必須出現在產業專刊，好讓讀者看到他們拯救的每一場災難；他們也需要培養專屬的中介網絡，唯此才有人脈願意為他們轉介客戶。「我們無法幫助你解決這道問題，但我們經常把客戶轉給瓊斯．哈契特，多半都會有好消息回傳。」、「我不經手離婚案件，但不過珍妮絲．雪佛是箇中高手。」

急案型專家通常不太需要擔心可支用的資金（諸如能力）或準備程度。如果客戶有急迫需要，通常都會自己找到權限和預算。因為這種突發事件在任何可能時候都只會涉及一小群人，而且往往事前難以逆料，所以急案型供應商通常不會費心費力直接開發業務。大眾廣告遠不如那些可以推薦他們給潛在客戶的網絡管用。

優化案型服務公司

優化案型服務公司的所有產品往往是最難推銷的類別，因為他們提供的服務通常只是選項之一。例如，你若想保持體態，可能會保留健身房會員資格（亦即長案型服務）；倘若你真的很不舒服，家庭醫師可能會將你轉介給專科醫師（亦即急案型服務）；但你在什麼情況下會聘請個人健身教練？肯定是你覺得事關重要的時候。

出於某種原因，你的優先順序改變了，突然間你就把增添額外健身方式的決定往前排序了。你原本是「不好意思，我沒興趣」，後來變成「我們什麼時候開始」。所以優化案型服務供應商很難發現潛在客戶的興趣，因為他們做決定都會因情況而異。

優化案型業者花費大量時間創造出興趣，並在客戶的優先順序與準備程度改變時，即時現身眼前。許多諮詢和專業服務業界老手都會告訴你，開發業務的秘訣就是大量提問，他們視提問為打開諮詢交易的關鍵。言之有理，對優化案型業者來說，提問扮演特別重要的角色，因為潛在客戶回答時可能會透露出自己想要解決的問題，同時也認為時機恰好成熟。這道發現的過程，對他們重要的程度遠勝過長案型或急案型業者，因為後兩者所面臨的問題通常是司空見慣或顯而易見。

善用七大要素當作診斷工具

七大要素就像食譜一樣，也可以當作診斷工具。假設你從烤箱裡取出麵包，結果它變成一坨熱呼呼的麵糰，你自然會想知道過程出了什麼錯。是忘了加鹽？還是烤箱溫度太高？同理，或許你的公司在一場重要大會浪擲成千上萬元經費，結果根本沒激起一絲漣漪。你發現自己捫心提問：「潛在客戶真的知道我們擅長人力資源領域中的哪一個區塊嗎？」或許你從潛在客戶那裡聽到很多像是感興趣的說法，實際成交的案子卻少得可憐。難道這是可信度的問題嗎？你是否分享過大量令人信服的案例研究？或許你拚命寫了一大堆提案，最終一直輸給競爭對手。長期來說，你是否需要多花一點時間建立信任、投資關係？

七大要素架構提供有用、一致的語言，可在組織內部討論業務開發商機時派上用場。當你與團隊成員共桌而坐，討論自己打算如何和那些你有興趣服務的對象接觸時，以下列舉三道足以讓七元素發揮作用的層次。

一、站在客戶的立場看事情

無論你是在為最大客戶規劃會計作業（我們如何擴展授權範圍？），或是查看過往從未合作過的企業清單（我們如何開始與對方打交道？），採納這七大要素當作記分卡標準都大有幫助。

- **認知**：客戶組織中還有什麼人需要知道我們是誰？
- **了解**：他們知道我們擅長什麼業務嗎？
- **興趣**：我們是否明瞭他們的優先事項？
- **尊重**：他們是否擁有能展現我們能力的客觀證據？
- **信任**：我們是否曾經花時間與對方溝通，始終把他們的利益放在第一位？
- **能力**：我們是否正與擁有權限的正確對象討論？
- **準備程度**：我們是否隨著接觸時間拉長亦步亦趨，以便他們的需求啟動時會想到我們？

二、站在你個人的立場看事情

可能你是一家大公司或剛成立的獨資企業合夥人，正試圖建立自己的名聲。你為了讓想要服務的對象認識你正打算怎麼做？又或許你是資深合夥人，正在轉型開發全新的服務利基領域，你為了在新興議題上建立個人信譽和尊重，正打算怎麼做？七大要素有助提供規劃關鍵行動的通盤思考架構。

三、站在公司的立場看事情

貴公司的品牌聲譽有多穩固？倘若你任職一家區域型的百年律師事務所，擁有聰明、誠實和可靠的名聲，建立認知意識輕而易舉；反之，如果你是在一家擁有三名員工的新網站開發初創企業服務，在市場中把名號打響可能就是你的首要之務。假設你是一家全球布局的人力資源諮詢公司行銷長，潛在客戶在購買之旅踏出每一步時，你支持的優先順序為何？

▼七大要素自我測試

你採用七大要素當作診斷工具時，可以參考以下問題以便釐清自己在哪些部分具備穩固完善的實力，哪些部分則有一些可以稍微加把勁的機會。這份簡單問卷可能會為你和團隊成員或合夥人帶來有意思的討論，請讓每一名團隊成員或同事分別作答，然後計算出平均分數，再比對你自己的評分。

以下項目請分別打分數，最低〇分、最高五分，以表示你認同的層級。

五＝非常同意、四＝同意、三＝有點同意、二＝有點不同意、一＝不同意、〇＝非常不同意

一號要素：認知

- 我們有明確的標準用以選擇我們希望設定成為潛在客戶的公司。
- 我們這一家公司已就鎖定潛在客戶的目標清單達成共識。
- 我們與鎖定的對象安排初次接觸會議的成功率很高。
- 當我們與潛在客戶聯繫時，在大多數情況下他們都已經聽過我們的名號。
- 我們定期跟進聯繫目標客戶。
- 我們建立目標對象的認知意識時會使用各種形式的媒體，例如電話、網路會議、親自拜訪、電子手冊、白皮書、個案研究等。
- 我們非常擅長建立目標對象對我方品牌的認知程度。

二號要素：了解

- 我們向潛在客戶展示訊息的技巧純熟。
- 我們的潛在客戶清楚了解我們的工作內容究竟為何。
- 我們的潛在客戶非常明白我們的產品有何獨特之處。
- 我們現有的行銷素材很容易理解。
- 我們現有的行銷素材預測我們努力塑造的品牌形象。
- 我們使用各種形式的媒體清楚傳達我們的工作。

三號要素：興趣

- 我們研究潛在客戶，以便確保我們的服務與他們息息相關。
- 我們與潛在客戶聯繫之前會仔細考量自家的服務是否會重大影響對方的業務目標。
- 我們認真傾聽客戶意見，以便理解他們獨特的業務需求。
- 我們清楚解釋如何能對潛在客戶的業務產生重大影響。
- 在初見面的介紹會面後，我們的潛在客戶興致勃勃地想進一步了解我們的工作內容。

四號要素：尊重

- 我們清楚地向每一位潛在客戶勾勒自家業務所能帶來的具體好處。
- 我們主動指出潛在客戶與我們合作時可能會察覺到的潛在風險。
- 我們有純熟技巧可以解決潛在客戶對與我們合作可能感知的疑慮。
- 我們充分準備好回答自家流程如何比競爭對手更管用的問題。
- 我們提供試用或保證，以便減輕潛在的新客戶與我們合作時可能產生的任何顧慮。
- 我們的客戶充分了解我們完成工作的投資報酬率，連帶預期的財務收益和成本。
- 當我們呈交提案時，我們的客戶相信我們能夠兑現自己打包票辦得到的工作。

五號要素：信任

- 我們與潛在客戶的合作關係完全開誠布公。
- 我們的潛在客戶認同我們非常可靠。
- 我們向潛在客戶證明始終把他們的最佳利益放在心上。
- 當我們進入提案階段，潛在客戶會覺得與我們的團隊合作十分自在。

- 我相信我們的潛在客戶完全信任我們。
- 我們有許多引薦人願意為就雙方合作關係為我們美言。
- 我們善於隨著時間拉長培養潛在客戶，並在幾個月內繼續提升價值。

六號元素：能力

- 我們盡早評估潛在客戶是否具備可以聘用我們的資金。
- 我們在少數情況下會出乎意料地發現，潛在客戶不是和我們合作專案的最終決策者。
- 我們積極主動地從潛在客戶重要的組織內部利害關係人身上爭取到支持。

七號要素：準備程度

- 我們密切留意潛在客戶的組織氛圍，以便了解與我們合作的「正確時機」是否已到。
- 當潛在客戶對我們不感興趣或還沒準備好與我們打交道，我們會耐心、持續地建立雙方的關係。
- 我們有效地與潛在客戶保持聯繫，以便在他們想找一家服務供應商合作的正確時機出現時成為首選對象。

你看到什麼模式嗎？你有何長項？有何缺點？你覺得自己在哪些領域投入大半精力？你不曾強調哪些部分？交易都在哪些環節被擱置了？

若想比對自己與其他人的答案，請造訪https://howclientsbuy.net/assessment網站。

聚焦在你需要改進的環節

每家公司的業務往往反映領導人的長項。如果你天生就是擅長建立關係的人，那就請強調這項優勢；如果你覺得喝一杯或吃頓飯才是建立關係的關鍵，那你就該這麼做。但是要知道，採納七大要素檢視你的業務並客觀評價自己和你的公司，可以提供深刻洞見，好讓你加強業務中可能相對脆弱的環節，例如：

● 你在要求推薦這一塊做得很棒，但你沒有官方網站。近來大家都已經開始建議你，官網是現代從業的入場門檻，但你就是討厭與官網有關的一切，好比設計、傳遞訊息、與功能有關的技術術語。然後有一天你突然想到，我是一名諮詢顧問。或許我應該聘用一名顧問引領我完成打造網站的歷程。

- 科技推動你的業務，你採用創造需求的軟體以便成批產生部落文與白皮書、追蹤下載量與花費的時間。儘管這項技術運作良好，你卻經常發現，原本應該和潛在客戶輕鬆討論的時刻，你卻總是結結巴巴講不好，就是沒有完善表達自己長處的能力。即使你能夠擔綱要角，但無法好好解釋清楚。你眼看著案子快要丟了，於是要求能言善道的同事開始處理相關業務，你自己則專職主題專家。
- 多年來，你都主動接受任何客戶指定的任何工作，但回顧最近兩年的專案卻發現，越來越多新業務來自區域銀行的客戶體驗部門主管。你決定要積極將自己定位成這個新興市場中首屈一指的利基型專家。
- 世界看起來無限寬廣。你才剛在舊金山開設新辦公室，從你的辦公室望出去就是內河碼頭（Embarcadero），眼見之處就好像看到幾百萬名潛在客戶。你一直在產業專刊打廣告，讀者很清楚你的業務內容，但實際上若想和決策者共桌而坐仍是一件難事。你知道自己應該找出更妥善的方式與你希望服務的對象建立融洽關係，於是與你希望服務的對象共同贊助一系列產業圓桌會議，提供對方談論最佳實例的機會，同時也定位自己是值得信賴的顧問及定期與他們保持聯繫的人。

▼所謂討人喜歡的迷思

我們採訪在諮詢和專業服務公司服務的年輕人時，經常聽到他們提出討人喜歡的需求。「我覺得客戶會與他們喜歡的對象合作。」如果這番說法為真，那就代表我們遇到真正的問題了。你若想增加公司收入，就需要提升自己討人喜歡的程度，但這種心態就好比奢望自己可以再長高一點。也許我們就該維持自己原來的模樣，如果你試圖成為別人，明眼人一下就看穿了。

好消息是，我們完全不覺得客戶會埋單「討人喜歡」這一點，認為這是一種迷思。

我們相信，客戶唯有遇到他們認為有助他們完成工作的對象時才會願意購買。我們為了驗證這道假設，於是自問是否願意與我們尊重、信任卻不喜歡的供應商合作。答案是肯定的，有個簡單例子是急診室的外科醫生。我們在斜坡上摔倒，打了個滾還扭傷脛骨，救護車趕忙將我們送到醫院，等院方要求我們提供保險資訊後就被推進手術室。醫師走進來開始幹活。我們唯一的掛慮是她能否專心做好分內工作，而且以前曾經處理過類似狀況。我們壓根不在乎她個性好不好。

對我們來說，「討人喜歡」充其量只是一種在平手時分勝負的概念。如果你與另一位從業者強碰，你們倆看起來資格、能力與信任度相當，我們或許會選擇比較看得順眼的那一位當作諮詢與專業服務合作夥伴，但那也只是一種邊際效益。若你想成「討人喜歡」是所有推動開發業務的根本，那就大錯特錯；若是將所有業務開發錯失歸咎於因為「他們一定不喜歡我們」，更是錯得離譜。「討人喜歡」的重要性，遠遠不及感興趣、尊重與信任。

第17章 開始幹活

◎向造雨人學思考與行動

多數年輕的專業人士在職涯早期就意識到，到了某個時點，創造業務的技能將是他們成功的重要決定因素。

——《少年菁英：培養交友好習慣》（Young Professionals: Cultivate the Habits of Friendship）作者大衛．梅斯特

我們採訪諮詢和專業服務領域中事業有成的專業人士，主要目標是更通盤理解「為什麼客戶會買單」。但整體採訪下來，當受訪者被問到提供什麼建議給試圖建立事業的對象時，幾乎所有人的回覆都與其他人不謀而合，這一點出乎我們的意料之外。以下是所有受訪者最精彩的回答，沒有特別排序。

完美善盡本分

開發業務的關鍵是完美地為客戶善盡本分。

——阿莎領導績效（SA Leadership Performance）公司執行長莎拉．阿諾特（Sarah Arnot）（曾歷練埃森哲、獵頭公司史賓沙）。

我們採訪的造雨人強調「完美善盡本分」的次數，遠多於其他建議。

銷售專業服務與兜售有形產品大不相同，不可能將人與產品切割開來。在專業服務中，我們就是產品，假若產品不夠好，再多的行銷努力都無法推動我們成功。打馬虎眼的同業即使可能成功愚弄潛在客戶一次，但長期來看，我們的生計完全繫於聲譽，那些立下金字招牌的業者最終會取勝聲名狼藉的同業。在專業服務領域，倘若沒有完美善盡本分的聲譽，就別想成為頂尖的造雨人。你的名聲總是跑在你前面，因此「完美善盡本分」必須是每一名專業人士的頭號要務。正如安侯建業的全球客戶領導夥伴與產業領導者湯尼．卡斯特拉諾斯（Tony Castellanos）所言：「開發業務最高竿的形式，就是每一項專案都能交付優質成果。」

但是，如果完美善盡本分是成為造雨人的唯一需求，不是應該有更多專業人士能夠成為頂尖的造雨人嗎？確實有許多天賦異稟、聰明能幹的專業人士，而且專業造詣不凡，但技巧純熟的造雨人就少見了。

「完美善盡本分」不足以支撐獨立自足的開發業務策略，它是成功之路上必要但不充分的條件。每個人若想在任一門產業開展蓬勃興旺的業務，還得學習其他的重要元素。

成為你自己的營收長

對於在南卡羅萊納州哥倫比亞市經驗老道的律師查克．麥當勞來說，二〇一七年一月一日是重要的大日子。他已經執業二十五年，多數時候是權益合夥人。元旦前夕，查克上床時還是羅賓遜、麥菲登與摩爾事務所（Robinson, McFadden & Moore, P.C.）的律師，隔天醒來已換成索威爾、格雷、史戴普與拉菲特（Sowell Gray Stepp & Laffitte, LLC）的員工了。當地業界所熟知的名稱是索威爾、格雷。

往前回推三個月，當地新聞報導，這兩家公司宣布以平等加入的方式合併。但是對查克來說，眼睜睜看著自己的辦公室被關閉，珍貴的企業名稱羅賓遜被扔到一邊時，感覺卻不是這麼一回事。

當我們訪談查克時，他才剛離開索威爾、格雷，決定自己創業。你可以想像，儘管他似乎對未來的前景感到非常興奮、樂觀，他仍清楚意識到當自己的造雨人至關重要。基於大半輩子的執業經驗，查克強烈感覺到他得為自己的開發業務承擔責任。

以前我在一家大型公司服務時，老鳥律師對我說過這樣一句話：「永遠要抱持在大街門市中單打獨鬥的心態執業。」意思是，建立自己的事業、開發自己的客戶，你要是辦得到，就可以享有莫大彈性與自由；倘若你得依靠別人幫你帶進客戶或生意，你就會仰人鼻息。這句話在我心中引起共鳴，也是我會傳遞給他人的建言：無論公司做得多大，你得建立自己的事業、開發自己的客戶基礎。要是你不這麼做，公司體質會很脆弱。

開發業務會有各式各樣的個人風格，而且建立獨特風格很重要，不過更重要的是，主動參與、積極行事。委託他人業務開發的話，謹記其中風險。

也就是說，擔當自己的營收長不代表你不再是團隊成員，也不意味著此後你總是必須單槍匹馬自己來。在管理諮詢這一類行業裡，往往是在眾志成城的工作環境中爭取到全新的客戶機會。鍾亞瑟反思他在科爾尼的日子後說：

以前我一向認為你必須完全憑藉一己之力開發業務，但事實上大家協同合作也可以實現相似的目標。在諮詢這一行，獨來獨往的孤狼非常、非常罕見。確實是有這樣的從業人員，但我會說，在大多數情況下我覺得都是合夥人、董事合夥人號召同事，共同努力完成銷售工作。

無論你在哪一行獨立工作或是進入職涯哪一個階段，我們訪談過的造雨人都明確表示，開始承擔開發業務的責任永遠不嫌早。身為資深合夥人，顯然將比剛踏出校園的大學畢業生擁有更大的開發業務責任；話隨如此，年輕的專業人士也該從現在開始為未來的成功奠定基礎。

建立你的網絡

我會將進入職涯後學到的一件事傳遞給來來去去的同僚：絕對不要低估布建網絡以及人脈網絡的價值。還有，當我提到網絡時，不是指你在領英上面連結多少人，也不只是蒐集名片、對外宣稱「我遇到某某某了」。我是指實際深入認識對方，到達一種你可以隨時打電話請求協助的地步；到達一種你很清楚對方正在執行什麼業務，你或許可以寄發一篇讓對方感興趣而且會認真看待的文章。我覺得關鍵在於布建網絡、打造人際連結，而且明瞭其中價值無限。

——法維翰諮詢行銷長艾德．凱勒

客戶聘用他們知道、尊重並信任的對象，或者是朋友、同事極力推薦的人選。這種邏輯意味著，你認識的人越多，你建立尊重和信任的機會就越多。造雨人泰半認識許多人，但重點不在多，雙方關係的品質才是關鍵。

人資公司任仕達（Randstad Holding NV）前行銷長、行銷傳播諮詢商寇馬克（Comarco BV）現任董事總經理法藍司．柯內流斯，是第一線體會人際關係力量的代表。當我們在法藍司的荷蘭辦公室與他訪談時，他提出以下見解：

在我的諮詢業務中，新生意多半始自與我相關的某個人。我試圖反其道而行，也就是先做生意、再做關係，但最後發現行不通。如果你不曾建立良好關係，那就和其他一百個抓不到重點的人沒什麼兩樣。

我們一而再、再而三從專家口中聽到，關係的品質凌駕一切。我們曾與喬治亞州立大學羅賓遜商學院備受推崇的教授奈特・班奈特博士共事，許多跨國公司爭相延攬他擔綱顧問一職，而且其中好幾家是專業服務公司。他告訴我們：「要比『我們在領英上互為聯絡人，偶爾有空我會請你喝杯咖啡』這種關係緊密得多。」

值得注意的是，對某些人來說，「網絡」這個字眼具有負面意涵，幾乎等同於我們下海「銷售」一樣。對某些人來說，布建網絡意味著要在某些業務活動中表現出膚淺的虛假熱情招呼。

諮詢商克萊利歐董事總經理彼得・布萊恩特就是典型範例：「我討厭網絡這個字眼。（開發業務）關乎連結與打造關係，並真心真意地培養這些關係。」

但是倘若你的本性就不是非常合群，反而比較內向，因此發現建立、培養關係很困難，那又該怎麼辦？在專業服務領域中許多人屬於這一掛，好比諮詢顧問、會計師、工程師和律師本質上都是從事動腦的業務，不是過著跑趴型的生活。難道屬於內向型的人打造專業網絡時，就比較不可能成功嗎？據我們訪談過的造雨人所見，答案是「不」。談到開發業務時，並沒有所謂最適合的人格類型，關鍵在於真實體現個人本性。

有些專業人士擅長撥打陌生拜訪電話給他認為可以提供幫助的對象；有些人是非常善於

思考的領導者，偏愛撰寫產業趨勢；有些人則是熱愛在研討會上演說，但也有些人更喜歡在產業社交活動中結識「新朋友」。

麥肯錫的多明尼克．巴頓強調這一點。

有一位早期導師勤於寫作打造出自己的網絡。他會針對產業發展方向、他認為需要完成的事情提出觀點，大家讀完後都會打電話向他請益。他筆耕不輟，並藉此建立好名聲，然後再衍生成為一套網絡，讓他忙得不可開交。另一位導師則是會登門拜訪新上任的陌生執行長，他不認識這些人，但自覺得對情況有些重要了解足以分享。他會打電話給對方然後說：「我想要找個時間和你聊聊，因為我手上有些你可能願意或必須花點時間思考的消息，或許我們可以討論一下，交換意見。」我相信每個人都有一套打造個人專屬網絡的模式，我認為你應該找出自己感覺得心應手的做法。

發展自己的獨特風格

因為我們從未被正式教育思考開發業務之道，所以自然會想要複製其他成功的造雨人。

雖然這種做法可能感覺上很自然，但模仿別人開發業務的方法終究是徒勞無功。

你隨著職涯一路發展時，不要成為「不是你」的那種人，這一點很重要。你得真正認識自己的本質、做事的方法、成功的關鍵，再來就是不要成為別人的影子。

——投資士（Investis）執行長唐恩．史凱斯

我們採訪過的產業先鋒告訴我們：「忠於自己。」沒有兩個人是一模一樣的，也因此，沒有一套適合每個人的商業發展風格。彼得．布萊恩特說：

有太多人被發現抱持著「我得像那個人一樣」的心態了。絕對不要複製任何人，每個人都有自己的風格。能造就你成功的方法，是真正去了解那些值得效法者所使用的原則，然後融入你自己的個人風格。我相信，如果你勉強自己做些什麼事，會讓你看起來很不自然、不真誠，就好比你看到八面玲瓏先生／小姐一樣，對嗎？你會變得呆板僵化。

把時間花在開發業務

克里夫．法拉是早起型的人，當我們多數人才剛走進辦公室時，他已經打完一輪客戶電話，也已經和資深領導團隊討論當天的工作事項。不過他過著一種多數人都認為很平衡的生活，定期撥空與家人嬉水、駕帆與跑步。他是畢肯集團總裁兼創辦人，這家成功經營成長策略的諮詢公司總部位於緬因州波特蘭市。

克里夫自覺必須對五十五名員工負起龐大的個人責任：

十六年前我聘用第一名員工，這一步是意義重大的里程碑；當我聘用第一位總監，安排她舉家飛過全美搬到波特蘭，對我來說，這一步也改變了一切。我對這位員工及她的家庭負有責任。

克里夫．法拉從商學院畢業後，就進入科爾尼服務，他是唯一直接為波士頓的大衛．麥斯特工作的顧問。麥斯特一九八〇年代起一邊在哈佛商學院任教，一邊經營私人業務直到二〇〇九年退休為止，在專業服務公司管理領域，他是全球公認首屈一指的領導權威。麥斯特的經典暢銷書包括一九九七年出版的《管理專業服務公司》（Managing the Professional Service Firm）、二〇〇〇年出版的《值得信賴的顧問》（The Trusted Advisor）等著作，提供當代專業人士領導企業的實用建議。能擁有大衛．麥斯特這樣的老闆、導師和朋友，就是進入這一行最大的福音。

克里夫最親近的同事所最欽佩他的技巧，就是他對開發業務抱持嚴謹態度。對某些人而言，畢肯集團的成功似乎毫不費力，但他們沒有看到克里夫為此花費的時間、關注細節的程度。他每天都會花時間與客戶及潛在客戶建立真誠的往來關係。

> 開發業務並非單一事件，也不是「偶一為之」的活動，是我每天都會花時間照料的過程。如果你想要自己的公司持續攻城掠地，就必須定下每天都努力實踐的個人承諾。

對克里夫來說，成功不僅意味著拜會潛在客戶，更代表開發旗下部屬署銷售畢肯策略諮詢服務這門藝術的能耐。克里夫每天都持續奉獻給客戶與潛在客戶的努力已獲得可觀報酬，近二十年來，畢肯集團每年的成長率都超過二〇%。

對我們許多人來說，開發業務是一段起起落落的過程。當工作進度遲緩了，我們就會啟動開發業務的機制，高速運轉直到我們完成一、兩項專案為止；一旦我們開始分身乏術，注意力就會轉向手上的工作。雖說完成優質工作至關重要，但也不能排除為未來的客戶關係騰出時間。最成功的造雨人會將開發業務當作一貫的優先事項，它就是日常工作的一部分，他們的成功事蹟完全印證這道承諾。

面對這麼多「不用了」，請持之以恆、積極進取

在你的專業職涯中，開發業務是你必須動手做的最具挑戰性項目之一。這一步很艱辛。就像當你知道有一名潛在客戶需要幫助，你也知道自己夠格承擔這項工作，而且你又非常努力建立雙方關係並證明自己的能耐，但是對方最終仍聘用其他人。

重點是要持之以恆。找個你能交心討論而且會持續鼓勵你的對象。你還得養厚臉皮，因為你未來將會聽到無數個「不用了」或「沒興趣」，可是千萬不要想成它們是衝著你來。你得想出各種做法自我激勵、沉得住氣，而且要樂觀進取，因為，讓我告訴你，我知道有些人就是過不了這一關。

——皮爾斯發展集團（Pierce Development Group）創辦人珍．皮爾斯，曾任亞達盟人才與組織發展部門副總裁、雪佛龍（Chevron）石油公司

一九五八年美商麥格羅希爾（McGraw-Hill）的廣告，巧妙地捕捉到開發業務的障礙：一名脾氣暴躁的老人穿著西裝坐在木製辦公椅上。廣告台詞寫著：

我不知道你是誰。
我不曉得你的公司。
我不了解貴公司的產品。
我不明白你的公司有何代表性。
我不認識貴公司的客戶。
我不清楚貴公司的紀錄。
我沒聽過貴公司的聲譽。
現在，你想賣什麼東西給我？
寓意：早在業務員拜會前，銷售行為就已經啟動了。

華特・席爾與我們分享以下這一則故事：

我的前一份工作是經營一家初創企業，當時我們正在籌募資金。有一家公司在我看來是完美的匹配，它也投資其他像我們這樣的公司，而且我們認識的人有些交集。我寄出幾封電郵，但是都無法連絡上對方。這段時間超漫長，所以當我終於有機會遇到對方，而且雙方會晤的過程非常、非常融洽，於是我開口問：「史帝夫，我得問一聲，為何我得等這麼久才能和你開這場會？」他說：「喔，是這樣的，我只是想知道你們是不是認真看待這件事。如果你撐不到打八次電話給我，那你就別奢望開這場會了。」

持之以恆、積極進取，是所有成功造雨人的正字標記。

無論你做哪一行，絕不言「賣」

在我們與資深造雨人的談話過程中，無意中發現了一條非常敏感的神經。有些人認定我們這本書的主題是「銷售」專業服務，對某些人來說，「銷售」這兩個字很刺眼。

我們在撰寫本書時與一位麥肯錫的合夥人交談，這位造雨人說：

銷售類書籍總讓我坐立難安。對我來說，「對顧問所提供的服務類型做銷售」這種概念是錯的。你確實是必須創造收入才能繼續經營事業，但你要是換個立場站在客戶的角度想，就不能說這是銷售，反而更像是解決問題之道。它也比較像是，無論你解決問題後得到多少津貼，最終它都會為客戶帶來顯著的經濟利益。

因此，永不言「賣」；反之，請自我承諾，你的工作就是找出一個集結公司與高階主管社群，他們就是你希望服務的對象，然後你竭盡所能地透過介紹、機鋒處處的文章與同業會議，幫助你接觸到業界人士。你沿著這條通往服務的道路前進，終有一天會發現你也被稱為造雨人了。

第18章 所有業務都是在地事業

◎從絲路到資訊超高速公路

在經營困頓的日子裡，沒有人想與我們會談、開會，連回電都不願意，我們不免會懷念往日做生意的好光景，為過往鍍上一層懷舊的金漆。我們回想當年的銀行家和設備經銷商，熟知方圓五十英里內的每一名農夫；時至今日，想要在瘋狂嘈雜的全球市場中讓別人聽見你的聲音，幾乎是難如登天。

出人意料的是，這不單單是二十一世紀的問題。一四五五年，土耳其伊斯坦堡的有頂大市集（Grand Bazaar）開放以來，每年每天（宗教節日除外）都吸引超過二十五萬名買家造訪，尋找從服裝、珠寶、地毯、食物到雜貨等各式各樣的便宜貨。在每一場交易中，討價還價的瘋狂畫面都會來來回回不斷上演。

有頂大市集是一處覆蓋六十一條搭建遮棚的街道，集結了四千家商店，每一攤都在爭搶你的目光。競爭如此激烈，供應商經常採用激進策略引起路人關注，以免他們就此路過走向下一個攤位。舉例來說，賣地毯的店家可能會嘗試猜測你的國籍，企圖讓你停下腳步；或是他會在藍色清真寺（Blue Mosque）纏上你，硬要成為你當日的非正式導遊。

在全球經濟中，專家服務想要脫穎而出可能是一樁艱鉅任務，有如試圖在有頂大市集賣出地毯。但請不要絕望。

儘管一天二十四小時、一週七天、一年三百六十五天，網上購物從不停歇，已故聯邦眾議院議長歐尼爾（Tip O'Neill）的名言「所有政治皆地方政治」也適用於商業。道格喜歡在課堂上對大學生說：「商業就是一種社交運動。」我們是社交型動物，偏好聘用自己認識的對象。也就是說，儘管商業屬於在地事業，也不代表它無法同時也是全球事業。這番論述聽起來自相矛盾，但事實並非如此。我們就拿絲路為例說明。

早在有頂大市集問世前，已經有一條長達四千五百五十英里貫穿東、西半球的路線，它就是我們今日熟知的絲路。根據歷史學家的說法，絲路始自西元前兩百年左右，最終連結起東亞與印度、中東和非洲，盡頭直達歐洲。絲路之所以存在全是為了商業，但這一路以來，文化、語言、宗教和科技也交流互換。中國人與印度人交易、波斯人與希臘人打交道，羅馬人則與土庫曼人做生意，大家買賣絲綢、香料、蔬菜、水果種籽、馬匹、地毯、服裝和珠寶。打個比方說，絲路就是史上第一版網路，跨地域將人們連結起來。

儘管絲路可能是全球經濟的第一處亮點，但所有商業活動都是在當地互相熟識的買、賣家之間進行，他們走過一村又一村、一城又一城。如果你想拿你的印度小荳蔻交換中國的絲綢，那就前往下一個村莊，找到你尊重且信賴的商家交易；反之，對方也會和另一個賣家做成這類交易。你的小荳蔻將會輾轉傳遞到貿易路線上，就像手持奧運聖火的運動員將火炬傳遞給下一位接手的運動員，直到它抵達最終端的消費者手上。

時至今天，我們只要有信用卡、網路連線，就可以造訪一家印度當地的書店購買珍本書，或是向西藏的美麗諾羊毛衫供應商下單。然而，論及聘用建築師、人力資源專家或網路開發人員時，我們通常會從自己的人脈網中尋找，最多僅隔兩層或三層的關係人。這就是跨國服務公司在全球辦事處的網絡上花費大量資金的原因之一，因為這些公司憑藉本能知道自己有必要貼近客戶，不然這些代理機構就必須願意花費大量時間滑手機或坐飛機。

就以艾奕康工程顧問公司（AECOM）為例。艾奕康可能不是家喻戶曉的名字，但你肯定知道它們的工作內容；這家位於洛杉磯的公司下轄八萬七千五百名員工，年營收超過一百七十億美元。對我們這些記住名字都嫌困難的人來說，艾奕康的創辦團隊對我們算是很友善，其英文原名是首字母縮寫，分別代表建築（architecture）、工程（engineering）、諮詢（consulting）、營運（operations）和維修（maintenance）。艾奕康一直是業界公認最頂尖的設計、工程和建築公司之一，也是一家跨國公司，且讓我們快速掃過幾項足以彰顯他們影響力的專案：

- 世界貿易中心
- 香港的中環及灣仔繞道
- 中國的國家會議中心
- 南非的摩西馬布海達體育場（Moses Mabhida Stadium）
- 好萊塢公園洛杉磯體育場（Los Angeles Stadium at Hollywood Park）
- 阿布達比國際機場（Abu Dhabi International Airport）
- 開普敦體育場（Cape Town Stadium）
- 香港國際機場
- 印度的德里水委員會污水處理系統（Delhi Jal Board Sewage System）
- 澳洲的布里斯本市政廳（Brisbane City Hall）
- 中國的泰州長江大橋
- 美國紐約的巴克萊中心（Barclays Center）

- 美國的AT&T體育場（AT&T Stadium）
- 蘇格蘭皇家銀行（The Royal Bank of Scotland）
- 美國波士頓洛根國際機場（Logan International Airport）

不過，艾奕康與大多數跨國公司一樣都很清楚，要借力當地辦公室資源才得以運作，因為開發商和政府官員會向花時間與他們打交道的對象採購。結果是，艾奕康在全球繞著南／北美洲、歐洲、亞洲、中東和澳洲／紐西蘭這五大樞紐設立幾百處地方據點，光是在中國就有包括北京、成都、廣州、南昌和上海在內的十幾處辦公室。艾奕康雖是跨國公司，但它十分清楚，想要找到興趣所在、建立信任，非得與客戶近距離交流不可。

理解全球—在地的悖論

對我們這些真正全球跑透透的人來說，這意味著我們可能得更常出差，因為要是我們的客戶都在海外，實在無法在家完成所有工作。我們終究還是得飛往客戶所在的城市，坐下來當面討論。

道格住在蒙大拿州波茲曼市，前東家北極星顧問集團是全球員工及客戶網絡調查專案的領導廠商。這家精品型諮詢顧問商在北美、南美、歐洲、中東和亞洲開展大型的線上調查專案，會將報告內容寫成中文、阿拉伯文、葡萄牙文、俄文或任何客戶喜歡的語言。儘管網際網路無遠弗屆，北極星的業務道道地地遍布全球。它們的生意通常來自個人的人脈網，好比道格或某一名同事曾與《財星》雜誌美國前五百大企業員工共事或結識。

對我們大多數人來說，閱讀這本書的好消息是，我們的工作本質通常沒有那麼全球性，美國的諮詢顧問和專業服務供應商很少跨出國界。再者，我們許多人的工作範圍主要限於當地或大一點的區域。假設你是德州奧斯汀市的律師，可能多數業務都在德州；你若是明尼亞波利市的會計師，可能業務多在中西部上半區；倘若你是西雅圖的土木工程師，可能多數業務來自西北地區。這算是好消息，因為這意味著你的大多數客戶和潛在客戶，也分布於你所在的城市或地區。我們的工作可能得承受全球和科技進步的壓力，但是對我們多數人來說，我們的客戶都在自家後院。

大多數區域型公司會從一間辦公室做起，隨著時間拉長逐步在地理上往外拓展。例如，比利．紐森的公司尼克森．普威特是一家位於南卡羅萊納州的地區性律師事務所，一九四五年在哥倫比亞市成立時只有兩名律師；時至今日，它已是東南部最大的律師事務所之一，在哥倫比亞市、查爾斯頓市、夏洛特市、格林威爾市、格林史寶拉市、希爾頓黑德市、摩多海灘和洛麗市擁有超過一百九十名律師。尼克森・普威特深知商業會越來越傾向在地化、個人化，所以擴展到更接近它想服務的那些族群所在地。

但是，在地化也意味著超越地域性。越來越多的全球相連讓擁有共同利益的虛擬社群在時空分隔的情況下照樣崛起。潔淨科技產業的高階主管今年在美國聖塔克拉拉市開會，明年就移到丹麥哥本哈根市；在各場會議前、後期間，他們還可以在線上協作、學習與分享。當某個人需要幫助時，他們可能會轉向半個地球以外的同事請求引薦，即使最終發現引薦的對象工作地點根本就在同一條街上。

這就是新絲路。

未來如何做決策

千禧世代偏愛數位化與匿名化做生意，對某些人來說，這可能是頗令人困擾的新聞。湯姆的妻子是住宅房產經紀人，她分享一對年輕夫婦拿起智慧型手機就想要買房的故事。她可不是在開玩笑，情況真的是那對夫婦只用拇指和食指隨意一掃、隨便一點，就以為雙方成交、他們即將成為自豪的有房一族。當他們得知實際上還得先和貸款人員碰面，然後再過幾週才能坐下來簽署結案文件時，當場都驚呆了。

未來聘用諮詢顧問與專業服務供應商時，可能也會演進到「隨意一掃、隨便一點」的情況，但客戶目前在聘用我們之前還是偏愛面對面交流。無論客戶是想延攬設計師接手當地YMCA的網站，或是要找全球知名的建築師完成巴西聖保羅的奧林匹克體育場，他們都得先認識我們，這樣他們才會尊重我們、相信我們。截至目前為止，我們這些普通人還沒發展出以數位方式構築這些連結的能力。

所有生意都是在地化、個人化。即使我們置身全球經濟亦然。

第19章

我們的未來願景

◎變革的路線圖

近五十年來，從第二次世界大戰結束到柏林圍牆倒塌，核戰末日的威脅就像烏雲一樣籠罩在美國人心頭。孩童在小學裡被教會「臥倒找掩護」，遊行示威群眾反對炸彈，而且幾乎所有外交政策都聚焦在遏制蘇聯引起的核威脅。

時至今日，這個世界看似比較和善、比較溫情了。

時至今日，我們關心的重點是恐怖主義、氣候變遷，全球網路安全威脅、疾病大流行、收入不平等、大規模移民、經濟錯置、無法永續發展的糧食系統和人口過剩等問題。

上述事項足以讓你想要關掉新聞台，眼不見為淨。

但是，為什麼全球威脅節節上升？為什麼五十年來全世界面臨的挑戰似乎有增無減？

有些人主張，這是因為政治領袖管理不當。「都是左派在危言聳聽！」、「都是右翼反動份子害的！」

其他人則說，都是媒體搜尋全球負面新聞的效率太高所致。「緬甸有個長出三顆頭的小孩吃掉生母！」

以上兩者可能都說對了，但我們也看到，在日益緊密相連的世界裡，自然會有複雜、棘手的問題崛起。通訊與運輸科技拓寬並扁平化市場，讓我們的所有問題都立即以全球為範圍擴散。你在西班牙托雷多市彈動一根繩子，就讓日本東京市猛地顛簸一下。

拉帝波汽車零件市場（Ladipo Auto Parts Market）位於西非國家奈及利亞商業重鎮拉哥斯市，在這裡工作的男孩們一邊使用手推車推著裝箱的剎車片，一邊沉浸在iPhone播放的加拿大嘻哈歌手德瑞克（Drake）作品中。這些剎車片是韓國大廠相信制動器（Sangsin Brake）製造的產品，剛從中國工廠出貨，行經杜拜抵達這裡。

在拉美國家智利，有個牛仔某天從位於納塔雷斯港（Puerto Natales）外圍的牧場出門來到五金行，想為南非蛭石製成的壁爐買一塊耐熱石膏板，好讓他在半夜養肥小牛犢時還能保持身體溫暖。這些牲畜將來會出現在倫敦史密斯菲爾德市場（Smithfield Market）的基維爾一家（Keevil and Keevil）肉店裡，以「牧草餵食的特選牛肉」的名號販售。

難怪我們的問題會讓人吃不消。我們簡單拆解這團毛線球就會發現，光是全球供應鏈就夠一支專家團隊忙一輩子了。

從許多方面來說，我們的地理位置緊密相連不失為一樁好事，密碼、新聞、觀點、照片、食品、全新商機、臉書貼文、在網路上傳播而一夕暴紅的迷因、播客、醫學療法、宗教見解、運動技巧、數學方程式、紡織品圖案、地鐵車廂規格、辦公空間建築細節、歐盟法規、麵包食譜和情歌等，全都以光速在全球各地閃現。但是同一時刻，疾病、駭客技術、在車內燒炭自殺的新聞、資本積累以及但求我們生病的人，也以同樣的速度擴散。

重點來了：科技推動的挑戰激增，需要我們人類端出更多專業知識。正如世界變得更寬廣也更扁平，我們必須更緊密地與需要幫助的對象連結。

我們的觀點是，所有內嵌在全球交流、同時也提升專業知識的事物，即是和平、繁榮和學習的種子。當我們與世界各地的同事交換可行與不可行的心得時，我們所理解、尊重的圈子就會擴大；當這種被定義為在地或個人的圈子越來越大時，便會創造出一塊戰爭無法立足的新地域。貿易也有同樣的效果，可以創造出一股強大動力去維持和平、舒緩意識形態造成的火氣。

值得好好過的人生

我們坐在後院陽台上享用一杯波爾多紅酒，在英屬維京群島駕帆航行，還在聖安德魯斯打一場高爾夫球，這樣的生活夠美好嗎？或者我們善用人才以產生良好成效的動力，花時間解決超棘手難題，才稱得上是美好生活？或許美好生活是根據成就和貢獻而定？以上這些難以回答的問題，所有人來到人生某個時刻都需要努力排解。

作家吉姆．柯林斯（Jim Collins）說，「我該如何過好我的人生」這道問題的答案，落在三件事的交會點：你喜歡做什麼事、你的天賦，以及你能得到什麼回報。

我們一向是這種方程式的鐵粉。當我們分別就讀高中與大學的兒女問起，未來長大後她們應該要做什麼，這就是我們回覆的答案。你喜歡爬山而且是一名高手嗎？那就想想怎樣在這方面賺到報酬。你的超強數學能力可以讓你賺進大筆財富，但同時又會讓自己把每一天都搞到滿肚子火、筋疲力盡嗎？那就是你面臨應該改變的時刻。

但是如何過一場值得好好過的人生？那又是什麼樣的風景？為此，我們提出柯林斯公式的必然結果：值得好好過的人生，會落在以下三件事的交會點：奮力迎戰困難的問題、發揮你最強大的天賦，然後投入相對應的工作領域。

每當我們努力處理繁重事端，並將自己的才能發揮到極致以便解決棘手難題，進一步改變世界時，總是覺得很棒。心理學家米哈里．契克森米哈賴（Mihaly Csikszentmihalyi）是第一個提出「心流」（flow）這個名詞的學者，形容我們投入一項任務時渾然忘我的感覺。他主張，這種完全沉浸在工作中的狀態就是幸福之源。

> 內在體驗的最佳狀態是意識自行排定秩序。當精神能量或注意力集中在現實的目標，而且技能也與採取行動的機會互相匹配時，這種情形自然而然發生。追求目標會為我們的意識帶來秩序，因為注意力必須聚焦手上的任務，暫時忘記其他一切事物。

值得好好過的人生

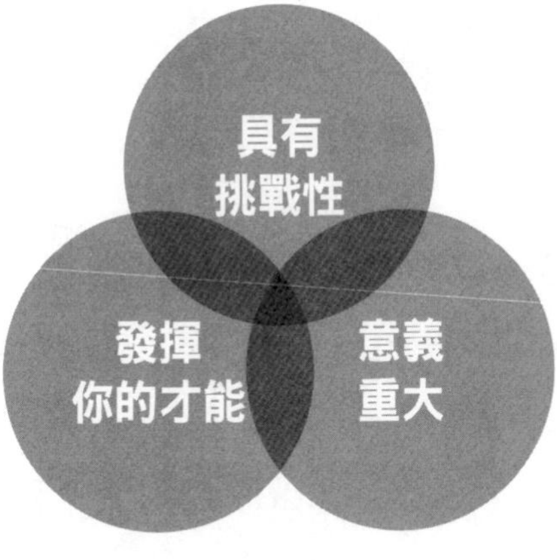

——《心流》（Flow）作者米哈里．契克森米哈賴

愛爾蘭劇作家蕭伯納（George Bernard Shaw）也提出類似觀點：

人如果專注於完成異常困難的事情，而且做得很出色，就永遠不會欠缺自尊自重。

我們認為這就是一開始吸引許多人進入諮詢和專業服務領域的主要原因。我們喜歡發揮自己的智慧、教育和經驗來解決棘手問題，也喜歡完成重大工作並改變客戶生活的感覺。我們的工作遠遠不僅是工作而已，它為我們的生活帶來意義。對少數幸運兒來說，我們的工作是一項天職。我們被這項工作吸引的原因已不單單是薪水可以解釋得清楚。

羅素．戴維斯回憶自己赴波士頓諮詢報到的第一天，當時他深感榮幸。「在波士頓諮詢工作的機會，也就是讓你有機會和全世界最大企業裡面最聰明的一群菁英合作，共同解決最艱難的問題。」

有重要性的工作

你是專家，全世界都需要你的專業知識；尤有甚者，當你感覺自己的專業知識應用在解決重要問題時，那種感受無比滿足。正如契克森米哈賴所寫：「享受的感覺是落在無聊和焦慮的兩端之間，有如挑戰是與個人行動的能力取得平衡。」

引領我們撰寫這本書的起因，是這一道問題：「倘若你是一名諮詢顧問或專業服務供應商，開發業務的最佳之道為何？」對我們來說，「開發業務」意味著幫專家與他們能善盡一己之力協助的對象打造一座橋樑，主要作用是把你的洞見，跟需要你的經驗與智慧來解決的問題連結起來——也就是，連結到你的能力可以帶來實質改變的地方。

對我們來說，幫助聰明專家打造一座橋樑，連結那些特別緊急需要他們幫助的對象，在世界各地有各種問題的現況下，讓這項挑戰格外緊迫。

創造更美好未來所必要的三大使命

我們寫這本書時，開宗明義便承認銷售諮詢和專業服務很困難，和推銷一雙鞋、一台筆記型電腦截然不同。我們的服務銷售基礎是關係、引薦與聲譽；更準確來說，如果我們站在「為什麼客戶會買單」的立場檢視問題，我們之所以獲聘是基於關係、引薦與聲譽。我們指出一些阻礙自身學習如何更漂亮爭取新客戶的障礙，諸如我們雖然被教會做好分內工作，卻從不曾學習如何銷售我們的工作。

於是我們說，突破的關鍵在於揚棄取經自汽車或軟體業務員的銷售技巧，也就是鍥而不捨地產出潛在客戶名單、評定對方資格、施展銷售技巧然後結案。我們也說，箇中秘訣是停止站在業務員的角度思考這道問題，因為業務員能否享用週末大餐取決於是否達成規定的業績配額，而非師法設計思考的做法，從客戶的角度出發，也就是開始對我們最想要協助的對象抱持基本的同理心。

最終，我們知道一定還有更適切的方法，因此希望這本書幫助我們往更適切的方法邁進一步。不過我們也知道，未來還有許多工作尚待完成。我們預見，未來必須在以下三大重要領域取得進展。

- **第一項必要使命：你自己。**請許下個人致力學習開發業務技藝的承諾。
- **第二項必要使命：組織。**請許下一道全組織遵行的承諾，協助專業人員以深思熟慮與合乎道德的方式，學習開發業務的技藝。

- **第三項必要使命：大專院校**。請許下一道實質性學術承諾，研究、撰寫並教育學生「為什麼客戶會買單」

第一項必要使命：你自己

我們在自己的領域各擅勝場，喜歡生活在介於現有知識邊際、初探未知範疇的邊緣地帶。事實上，世界期待我們從各自的旅程中帶回收穫，我們的工作就是將創新導向我們服務的對象。且讓我們開始以這種方式思考開發業務之道。可以成功銷售原料與產品的做法，不適合迅速發展的專家服務經濟。沒錯，所有業務都是在地化、個人化，但是絲路上各個交易中心之間的距離正越拉越長，我們對在地化的定義也不斷擴大。

當我們試圖連結自己的專業知識與最能夠提供幫助的對象時，什麼方式管用、什麼方式無效的知識也日新月異。行銷自動化究竟是有助還是有害我們的事業？視訊會議究竟是能減少出差頻率，還是會因為拓展市場，反而提高出差頻率？在一個資訊爆炸導致人類大腦日益飽和的世界裡，廣告真的已死嗎？我們沒有一個人知道真實答案，這使得開發業務這門領域走在現有知識的前端。

所以說，這是一道奔向混亂而非遠離混亂的邀請。正如我們很開心自己在這一行享有優勢，也正熱切學習新知，同時引領其他人成為知識的早期採用者；我們也可以融入小團體，希望學到更多把專業知識連結至需求之道。當然，世界需要這條絲路拓得更寬廣、深入更多據點，且讓我們成為其中一份子，接受挑戰並創造全新途徑。

第二項必要使命：組織

其次，每每論及專業人士的業務開發教育訓練，組織大都放任他們自行其是。我們相信，所有企業（特別是大型菁英公司）應該要蓄積一股凝聚力，教育新世代領導人客戶是如何決策購買，以及如何連結那些他們最希望服務的對象。

我們在專家服務這一行看過不計其數的開發業務之道，就我們的觀點而言，沒有任何一種手法做對了。問題不在於做法，在於付出努力換來的品質。我們必須停止假裝開發業務的需求不存在，開始教育年輕的專業人士如何採取有效且經過深思熟慮的方式來開發業務。

第三項必要使命：大專院校

最後，我們相信，現在正是敦促大專院校開始採取有實質意義的做法，研究本書主旨

「為什麼客戶會買單」的最佳時刻。有幾個學術領域必須發揮作用，協助我們更清楚理解這道重要主旨——心理學可以研究，信任與尊重在我們如何購買專家服務的過程中所發揮的作用；經濟學可以闡明，客戶如何在彼此競爭的對手之間做出抉擇；行銷學可以幫助我們更充分理解，社群媒體在我們建立個人或公司品牌聲譽方面扮演什麼角色；社會學家或許可以協助我們理解，千禧世代的行為與當今的企業領導者有何不同，這可是與聘用專業人士的決策息息相關。數位原民在做出決策時是否會更依賴線上資源，還是人與人之間彼此連結的需求，可以跨越世代仍然成立？

我們相信大專院校會加快腳步研究上述主題，或許不是這一、兩年就會付諸行動，但希望在未來幾十年能啟動。俗諺說：「一旦學生準備就緒，老師自會出現。」我們相信學生已經準備就緒了。我們知道學術機構的行動速度向來拖泥帶水，但隨著時間拉長，變革可能發生。我們的希望是，終有一天校方會為大學生提供廣泛的課程，協助他們更充分理解「為什麼客戶會買單」這門課題。

為什麼客戶會買單

我們幫助的對象，大都不做我們正在做的事。

如果你是商標法律師，某一家客戶企業的總法律顧問卻不會註冊商標。她能管理得當，讓你完成工作就好。這就是她聘用你的原因。

如果你擅長在一塊土地設計外觀相似的地區性住宅，但你服務的拉斯維加斯開發商卻不會設計房屋。他能管理得當就好。這就是他聘用你的原因。

如果你針對推動消費品企業的創新之道提供建言，客戶正好是創新部門主管，但她不會設計創新策略。她能管理得當就好。這就是她聘用你的原因。

我們的客戶越來越像電影監製，這個比喻源自作家湯姆．彼得斯（Tom Peters），而且經得起時間考驗。監製的工作就是要把錢、劇情點子、導演、電影攝影師、上相的演員、還是錢、獲得電影製片廠批准、編劇、作曲家、又是錢、剪輯師、美術指導、藝術總監，以及（我們說過了嗎？）更多錢，統統聚攏在一起。

這就是我們客戶的做事方法。他們希望在自己的世界創造一點聲浪，於是在公司策略計畫的背景下構建任務，從會計部門借調初階經理人來控管財務，從外部聘用協助單位，組織自己的團隊，然後找到可用的預算。他們的工作是找齊所有可移動的關鍵零組件，調和鼎鼐、做出成果。若是一切順利，任務就會取得進展，他們也就成為英雄。

所以，那是一張給你的邀請函：你在推動跨組織進步的協作生態系統中擔綱要角，並將一連串獨特的體驗、得來不易的深刻洞見與領域專業知識端上檯面，當它們結合其他資源，就能產生電影般的魔力。能夠成為真正影響變革的團隊成員會讓人興奮不已，這就是為何一旦你完美善盡本分，就會像湯姆・漢克（Tom Hanks）那樣，一再受邀在史蒂芬・史匹柏（Stephen Spielberg）的電影作品裡演出。

但請務必記住這點：你的專業知識將會英雄無用武之地，有如被丟在遠處的荒島挨餓受凍，心灰意冷地困在刺腳的珊瑚沙地上，腳趾都快挖出洞來了——除非你奮起而立，正視自己手上的工作、承諾解決的問題、希望達成共識的對話，以及你最想要服務的客戶。

這就是專家與他們最能夠提供幫助的對象連結之道。

致謝

我們要感謝彼此的家人在撰寫本書期間提供堅定的支持，由於這項計畫占用我們許多深夜與長週末假期，為此我們由衷感謝各位體諒。我們也想感謝蒙大拿州波茲曼市（Bozeman）的岩灘（Rockford）與冷燻咖啡（Cold Smoke Coffee），通融我們在溫暖的室內一待就是幾個小時，仔細討論彼此的想法，並窩在舒適的椅子上振筆疾書。

我們要個別感謝才華橫溢的律師、顧問、會計師、建築師和財務專業人士，在研究本書期間，他們不吝分享推廣業務相關事蹟。各位的洞見與智慧將這本書從乾澀的商業文本化為活靈活現的生動敘事，情節豐富、人物性格鮮明：鍾亞瑟、戴夫・史斯密、吉米・羅斯、羅素・戴維斯、克里夫・法拉、彼得・布萊恩特、法藍司・柯內流斯、奧黛麗・克瑞莫、華特・席爾、奈特・班奈特、傑克・班尼斯特、唐・史凱斯、多明尼克・巴頓、麥可・辛肖、保羅・鮑倫格、艾希什・辛、傑森・萊特、艾德・凱勒、珍・皮爾絲、約書亞・韋斯利、傑奇・克魯格、莎拉・亞諾特、傑夫・丹寧、布萊恩・傑考森、葛雷格・恩格、戴夫・貝雷斯、湯尼・卡斯特拉諾斯、梅根・阿姆斯壯、比利・紐松、葛萊漢・安東尼、查克・麥當勞、克里斯・克藍、派崔克・皮特曼、安・奇法柏與查克・沃克。

我們對經紀人雪芮・白科夫斯基（Sheree Bykofsky）心懷感激，因為她從我們的撰書提案中看到一絲潛力。倘若沒有她，這本書只有圍坐在酒吧桌邊漫天閒聊的份。我們想謝謝約翰・威利父子（John Wiley & Sons）出版公司令人讚嘆的團隊，他們讓這本書從無到有；尤其是商業書系的資深編輯理查・奈瑞摩（Richard Narramore），他對於形塑本書所提供的指導彌足珍貴；丹妮爾・賽琵卡（Danielle Serpica）與艾蜜莉・保羅（Emily Paul）保持本書如期進展，並雕塑成最終成品。最後，致謝黛博拉・辛德勒（Deborah Schindlar），她緊盯文本字句，讓我們遣詞用字更加精準到位。

我們要感謝主力讀者艾琳・史崔克蘭（Erin Strickland），不僅提供有用的編輯建議、理解正統的英式英語，更格外感謝她深刻認識千禧世代。

湯姆想感謝賺錢點子交換所的全體員工，若沒有他們，本書無緣付梓。謝謝哈利・華萊士的遠見，開發業務不必然要操弄他人，反倒可以是高端服務；謝謝傑可柏・帕克斯（Jacob Parks）、麥特・尤利奇（Matt Ulrich）、安蒂・鮑德溫（Andi Baldwin）、艾蜜莉・萊維奧（Emily LeVeaux）與保羅・奎格利（Paul Quigley）協助採訪；謝謝鮑德溫細細審閱本書，詳實評論底稿；謝謝約翰・諾德（John Nord）、帕克斯、尤利奇與史黛芬妮・柯爾（Stephanie Cole），提供湯姆充裕時間，以賺錢點子交換所管理團隊成員的身分撰寫此書；謝謝克莉絲汀・霍根（Kristin Horgan）、卡莉・歐格（Carlie Auger）、凱溫・席格（Cavin Segil）、蘇西・克魯格（Susie Krueger）、安迪・威斯（Andy Weas）、摩根・克拉斯（Morgan Klaas）、瑞妮・史東（Renee Storm）、蘇珊・米勒（Susan Miller）、梅琳達・墨菲（Melinda Murphy）、蘇菲・柯文妮（Sophie Kevany）、艾蘭娜・萊納德（Alanna Rhinard）、溫蒂・艾絲珀蒂（Windy Esperti）、譚雅・萊茵哈特（Tanya Reinhardt）、喬許・艾文森（Josh Iverson）、茱莉亞・楊克（Julia Yanker）溫暖熱情的支持；最後還要向奇法柏、貝雷斯致意，前者協助完成七大要素診斷工具，後者展現友誼、對所有事物的全然熱情、逐字逐句閱讀草稿，並針對信任動態發展歷程貢獻寶貴見解。

道格想感謝畢肯集團總裁法拉，二十五年來源源不絕提供靈感和友誼。每當道格需要針對某件事聽取誠實見解時，他知道，永遠都只需要撥一通電話就能換來克里夫的坦率和溫暖。此外，道格也感謝克里夫引介認識大衛・麥斯特，不僅是大衛的著作形塑道格理解所謂值得信賴的顧問，他本人也在北極星顧問集團草創期間提供支持，讓道格的公司得到寶貴機會，得以站上國際舞台證明自身價值。

道格也對進入管理顧問界所遇到的第一任老闆史凱斯銘感在心，因為他在道格還是沒什麼料的初生之犢時就付出信任。道格商學院畢業後，整整兩年都提著唐的公事包穿梭在機場和租車公司之間，換取服務客戶的職涯專業知識。道格還想謝謝就讀維吉尼亞大學達頓商學院、克萊姆森大學期間，令人讚嘆的教授群循循善誘。這些打底知識的歲月帶給他充滿人脈與回憶的人生。

最後，道格得感謝北極星顧問集團的共同創辦人麥克・萊利（Mike Reilly）博士以及艾瑞克・葛雷格（Eric Gregg），他深以他們共同創造的成就為傲，而且他向兩位搭檔學到的精髓遠高於他倆知道的程度。

國家圖書館出版品預行編目（CIP）資料

為什麼客戶會買單：好的專業不用賣！讓顧客自己捧錢上門的7個秘密 / 湯姆. 麥瑪欽(Tom McMakin), 道格. 弗萊徹(Doug Fletcher)著；吳慕書譯. -- 初版. -- 臺北市：商周出版：家庭傳媒城邦分公司發行, 2019.04
面； 公分. -- (新商業周刊；BW0709)
譯自：How clients buy : a practical guide to business development for consulting and professional services
ISBN 978-986-477-646-7(平裝)
1.銷售 2.行銷管理 3.顧客關係管理
496.5 108003931

BW0709

為什麼客戶會買單

好的專業不用賣！讓顧客自己捧錢上門的 7 個秘密

原書名／How Clients Buy: A Practical Guide to Business Development for Consulting and Professional Services
作者／湯姆・麥瑪欽（Tom McMakin）、道格・弗萊徹（Doug Fletcher）
譯者／吳慕書
責任編輯／李皓歆
企劃選書／陳美靜
版權／黃淑敏
行銷業務／周佑潔

總編輯／陳美靜
總經理／彭之琬
發行人／何飛鵬
法律顧問／台英國際商務法律事務所 羅明通律師
出版／商周出版
臺北市 104 民生東路二段 141 號 9 樓
電話：(02) 2500-7008 傳真：(02) 2500-7759
E-mail: bwp.service @ cite.com.tw
發行／英屬蓋曼群島商家庭傳媒股份有限公司 城邦分公司
臺北市 104 民生東路二段 141 號 2 樓
讀者服務專線：0800-020-299 24 小時傳真服務：(02) 2517-0999
讀者服務信箱 E-mail: cs@cite.com.tw
劃撥帳號：19833503 戶名：英屬蓋曼群島商家庭傳媒股份有限公司城邦分公司
訂購服務／書虫股份有限公司客服專線：(02) 2500-7718；2500-7719
服務時間：週一至週五上午 09:30-12:00；下午 13:30-17:00
24 小時傳真專線：(02) 2500-1990；2500-1991
劃撥帳號：19863813 戶名：書虫股份有限公司
香港發行所／城邦（香港）出版集團有限公司
香港灣仔駱克道 193 號東超商業中心 1 樓
E-mail: hkcite@biznetvigator.com
電話：(852) 25086231 傳真：(852) 25789337
E-mail：hkcite@biznetvigator.com
馬新發行所／Cite (M) Sdn. Bhd.
41, Jalan Radin Anum, Bandar Baru Sri Petaling, 57000 Kuala Lumpur, Malaysia.
電話：(603) 9057-8822 傳真：(603) 9057-6622 E-mail: cite@cite.com.my

美術編輯／簡至成
封面設計／萬勝安
製版印刷／韋懋實業有限公司
經銷商／聯合發行股份有限公司 電話：(02) 2917-8022 傳真：(02) 2911-0053
地址：新北市 231 新店區寶橋路 235 巷 6 弄 6 號 2 樓

■ 2019 年 04 月 09 日初版 1 刷
■ 2019 年 06 月 28 日初版 2 刷
ISBN 978-986-477-646-7

Printed in Taiwan

城邦讀書花園
www.cite.com.tw

定價 380 元

商周出版

廣 告 回 函
北區郵政管理登記證
台北廣字第 000791 號
郵資已付，免貼郵票

104 台北市民生東路二段 141 號 9F

英屬蓋曼群島商家庭傳媒股份有限公司

城邦分公司

請沿虛線對摺，謝謝！

商周出版

書號：BW0709　**書名**：為什麼客戶會買單：好的專業不用賣！讓顧客自己捧錢上門的 7 個秘密　**編碼**：

請於此處用膠水黏貼

商周出版

讀者回函卡

謝謝您購買我們出版的書籍！請費心填寫此回函卡，我們將不定期寄上城邦集團最新的出版訊息。

姓名：________________ 性別：□男 □女

生日：西元 ________ 年 ________ 月 ________ 日

地址：________________

聯絡電話：________________ 傳真：________________

E-mail：________________

學歷：□ 1. 小學 □ 2. 國中 □ 3. 高中 □ 4. 大專 □ 5. 研究所以上

職業：□ 1. 學生 □ 2. 軍公教 □ 3. 服務 □ 4. 金融 □ 5. 製造 □ 6. 資訊
□ 7. 傳播 □ 8. 自由業 □ 9. 農漁牧 □ 10. 家管 □ 11. 退休
□ 12. 其他 ________________

您從何種方式得知本書消息？

□ 1. 書店 □ 2. 網路 □ 3. 報紙 □ 4. 雜誌 □ 5. 廣播 □ 6. 電視
□ 7. 親友推薦 □ 8. 其他 ________________

您通常以何種方式購書？

□ 1. 書店 □ 2. 網路 □ 3. 傳真訂購 □ 4. 郵局劃撥 □ 5. 其他 ____

對我們的建議：________________

____

____

____

____

____

【為提供訂購、行銷、客戶管理或其他合於營業登記項目或章程所定業務之目的，城邦出版人集團（即英屬蓋曼群島商家庭傳媒（股）公司城邦分公司、城邦文化事業（股）公司），於本集團之營運期間及地區內，將以電郵、傳真、電話、簡訊、郵寄或其他公告方式利用您提供之資料（資料類別：C001、C002、C003、C011等）。利用對象除本集團外，亦可能包括相關服務的協力機構。如您有依個資法第三條或其他需服務之處，得致電本公司客服中心電話02-25007718請求協助。相關資料如為非必要項目，不提供亦不影響您的權益。】

1. C001 辨識個人者：如消費者之姓名、地址、電話、電子郵件等資訊。
2. C002 辨識財務者：如信 用卡或轉帳帳戶資訊。
3. C003 政府資料中之辨識者：如身份證字號或護照號碼（外國人）。
4. C011 個人描述：如性別、國籍、出生年月日。

請於此處用膠水黏貼